大众力学丛书
（已出书目）

《科学游戏的智慧与启示》 高云峰 著 ISBN:978-7-04-031050-4

本书以游戏的原理和概念为线索，介绍处理问题的方法和思路。作者用生动有趣的生活现象或专门设计的图片来说明道理，读者可以从中领悟如何快速分析问题，如何把复杂问题简单化。本书可以作为中小学生的课外科普读物和试验指南，也可以作为中小学科学课教师的补充教材和案例，还可以作为大学生力学竞赛和动手实践环节的参考书。

《力学与沙尘暴》 郑晓静 王 萍 编著 ISBN:978-7-04-032707-6

本书从一个力学工作者的角度来看沙尘暴、沙丘和沙波纹这些自然现象以及与此相关的风沙灾害和荒漠化及其防治等现实问题。由此希望告诉读者对这些自然现象的理解和规律的揭示，对这些灾害发生机理的认识和防治措施的设计，不仅仅是大气学界、地学界等学科研究的重要内容之一，而且从本质上看，还是一个典型的力学问题，甚至还与数学、物理等其他基础学科有关。

《方方面面话爆炸》 宁建国 编著 ISBN:978-7-04-032275-0

本书用通俗易懂的文字描述复杂的爆炸现象和理论，尽量避免艰深的公式，并配有插图以便于理解；内容广博约略，几乎涵盖了整个爆炸科学领域；本书文字流畅，读者能循序渐进地了解爆炸的各个知识点。本书可供高中以上文化程度的广大读者阅读，对学习兵器科学相关专业的大学生也是一本很好的入门读物，同时书中的知识也能帮助爆炸科技工作者进一步深化对爆炸现象的理解。

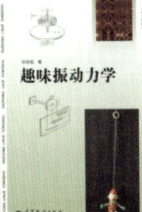

《趣味振动力学》 刘延柱 著 ISBN:978-7-04-034345-8

本书以通俗有趣的方式讲述振动力学，包括线性振动的传统内容，从单自由度振动到多自由度和连续体振动，也涉及非线性振动，如干摩擦阻尼、自激振动、参数振动和混沌振动等内容。在叙述方式上力图避免或减少数学公式，着重从物理概念上解释各种振动现象。本书除作为科普读物供读者阅读以外，也可作为理工科大学振动力学课程的课外参考书。

大众力学丛书
（已出书目）

《创建飞机生命密码（力学在航空中的奇妙地位）》 乐卫松 著
ISBN:978-7-04-024754-1

　　本文从国家决定研制具有中国自主知识产权的大客机谈起，通过设计的一组人物，用情景对话、访谈专家学者的方式，描述年轻人不断探索，深入了解在整个飞机研发过程中，力学在航空业中特别奇妙的地位。如同人的遗传密码DNA，呈长长的双螺旋状，每一小段反映人的一种性状，飞机的生命密码融入飞机研发到投入市场的长历程，力学乃是组建这长长的飞机生命密码中关键的、不可或缺的学科。这是一篇写给大学生和高中生阅读的通俗的小册子，当然也可供对航空有兴趣的各界人士浏览阅读。

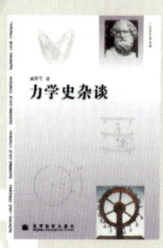

《力学史杂谈》 武际可 著　ISBN:978-7-04-028074-6

　　本书收集了作者近20年中陆续发表或尚未发表的30多篇文章，这些文章概括了作者认为对力学发展乃至对整个科学发展比较重要而又普遍关心的课题，介绍了阿基米德、伽利略、牛顿、拉格朗日等科学家的生平与贡献，也介绍了我国著名的力学家，还对力学史上比较重要的理论和事件，如能量守恒定律、梁和板的理论、永动机等的前前后后进行了介绍。本书对科学史有兴趣的读者，对学习力学的学生和教师，都是一本难得的参考书。

《漫话动力学》 贾书惠 著　ISBN:978-7-04-028494-2

　　本书从常见的日常现象出发，揭示动力学的力学原理、阐明力学规律，并着重介绍这些原理及规律在工程实践，特别是现代科技中的应用，从而展示动力学在认识客观世界及改造客观世界中的巨大威力。全书分为十个专题，涉及导航定位、火箭卫星、载人航天、陀螺仪器、体育竞技、大气气象等多个科技领域。全书配有大量插图，内容丰富而广泛；书中所引的故事轶闻，读起来生动有趣。本书对学习力学课程的大学生是一本很好的教学参考书，书中动力学在现代科技中应用的实例可以丰富教学内容，因而对力学教师也大有裨益。

《涌潮随笔——一种神奇的力学现象》 林炳尧 著
ISBN:978-7-04-029198-8

　　涌潮是一种很神奇的自然现象。本书力图用各个专业学生都能够明白的语言和方式，介绍当前涌潮研究的各个方面，尤其是水动力学方面的主要成果。希望读者在回顾探索过程的艰辛,欣赏有关涌潮的诗词歌赋，增加知识的同时，激发起对涌潮、对自然的热爱和探索的愿望。

大众力学丛书
（已出书目）

《奥运中的科技之光》 赵致真 著 ISBN:978-7-04-024621-6

本书全景式讲述了奥运中的科学知识。通过经典赛事和有趣故事，深入浅出分析了各项体育运动中生动丰富的力学现象，广泛涉及生物学、化学、数学、电子技术、材料科学等诸多领域，并介绍了当代体育科学前沿的最新成果。旨在"通过科学欣赏体育，通过体育理解科学"，也有助于大中学生开阔眼界，巩固和深化课堂知识。

《拉家常·说力学》 武际可 著 ISBN:978-7-04-024460-1

本书收集了作者近十多年来发表的32篇科普文章。这些文章，都是从常见的诸如捞面条、倒啤酒、洗衣机、肥皂泡、量血压、点火等家常现象入手，结合历史典故阐述隐藏在其中的科学原理。这些文章图文并茂、文理兼长、读来趣味盎然，其中有些曾获有关方面的奖励。本书可供具有高中以上文化读者阅读，也可以供大中学教师参考。

《诗情画意谈力学》 王振东 著 ISBN:978-7-04-024464-9

本书是一本科学与艺术交融的力学科普读物，内容大致可分为"力学诗话"和"力学趣谈"两部分。"力学诗话"的文章，力图从唐宋诗词中对力学现象观察和描述的佳句入手，将诗情画意与近代力学的发展交融在一起阐述。"力学趣谈"的文章，结合问题研究的历史，就日常生活、生产中的力学现象，风趣地揭示出深刻的力学道理。这本科普小册子，能使读者感受力学魅力、体验诗情人生，有益于读者交融文理、开阔思路和激发创造性。

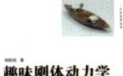

《趣味刚体动力学》 刘延柱 著 ISBN:978-7-04-024753-4

本书通过对日常生活中和工程技术中形形色色力学现象的解释学习刚体动力学。全书包括32个专题，归纳为玩具篇、体育篇和技术篇等三章。每个专题的叙述均以物理概念为主，着重文章的通俗性和趣味性。需要借助数学公式深入分析的内容在各个专题的文末以注释的形式给出。附录里给出必要的刚体动力学基本知识。本书除作为科普读物外，也可作为理工科大学理论力学课程的课外参考书，使读者在获得更多刚体动力学知识的同时，能对身边的力学问题深入思考并提高对力学课程的学习兴趣。

大众力学丛书

Quwei Zhendong Lixue

趣味振动力学

刘延柱 著

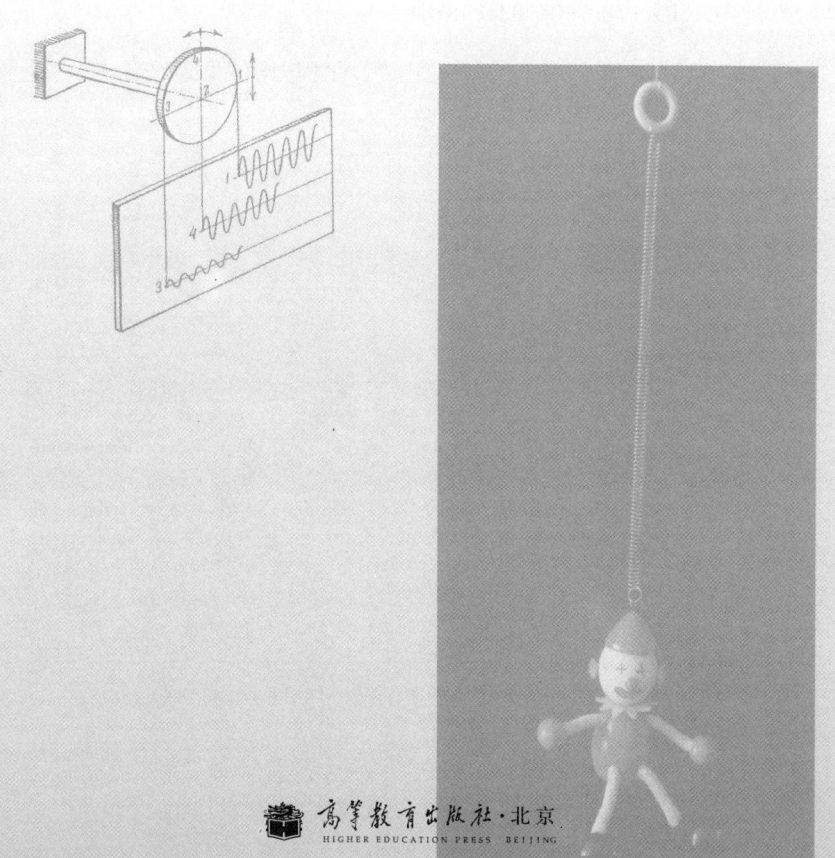

高等教育出版社·北京
HIGHER EDUCATION PRESS BEIJING

图书在版编目（CIP）数据

趣味振动力学 / 刘延柱著. -- 北京：高等教育出版社，2012.3(2017.5 重印)
（大众力学丛书）
ISBN 978-7-04-034345-8

Ⅰ.①趣… Ⅱ.①刘… Ⅲ.①工程力学－振动理论－通俗读物 Ⅳ.①TB123-49

中国版本图书馆CIP数据核字(2012)第011962号

| 策划编辑 | 王 超 | 责任编辑 | 王 超 | 封面设计 | 赵 阳 | 版式设计 | 范晓红 |
| 插图绘制 | 尹 莉 | 责任校对 | 金 辉 | 责任印制 | 赵义民 | | |

出版发行	高等教育出版社	咨询电话	400-810-0598
社 址	北京市西城区德外大街4号	网 址	http://www.hep.edu.cn
邮政编码	100120		http://www.hep.com.cn
印 刷	固安县铭成印刷有限公司	网上订购	http://www.landraco.com
开 本	850 mm×1168 mm 1/32		http://www.landraco.com.cn
印 张	7	版 次	2012年3月第1版
字 数	170千字	印 次	2017年5月第2次印刷
购书热线	010-58581118	定 价	29.00元

本书如有缺页、倒页、脱页等质量问题，请到所购图书销售部门联系调换
版权所有 侵权必究
物 料 号 34345-00

中国力学学会《大众力学丛书》编辑委员会

陈立群　　戴世强⁺　　刘延柱　　苗天德　　佘振苏

隋允康　　王振东　　武际可*　　叶志明　　张若京

仲　政　　朱克勤　　朱照宣

（注：后加*者为主任委员，后加⁺者为副主任委员）

中国力学学会《大众力学丛书》
总　序

　　科学除了推动社会生产发展外，最重要的社会功能就是破除迷信、战胜愚昧、拓宽人类的视野。随着我国国民经济日新月异的发展，广大人民群众渴望掌握科学知识的热情不断高涨，所以，普及科学知识，传播科学思想，倡导科学方法，弘扬科学精神，提高国民科学素质一直是科学工作者和教育工作者长期的任务。

　　科学不是少数人的事业，科学必须是广大人民参与的事业。而唤起广大人民的科学意识的主要手段，除了普及义务教育之外就是加强科学普及。力学是自然科学中最重要的一门基础学科，也是与工程建设联系最密切的一门学科。力学知识的普及在各种科学知识的普及中起着最为基础的作用。人们只有在对力学有一定程度的理解后，才能够深入理解其他门类的科学知识。我国近代力学事业的奠基人周培源、钱学森、钱伟长、郭永怀先生和其他前辈力学家非常重视力学科普工作，并且身体力行，有过不少著述，但是，近年来，与其他兄弟学科（如数学、物理学等）相比，无论从力量投入还是从科普著述的产出来看，力学科普工作显得相对落后，国内广大群众对力学的内涵及在国民经济发展中的重大作用缺乏有深度的了解。有鉴于此，中国力学学会决心采取各种措施，大力推进力学科普工作。除了继续办好现有的力学科普夏令营、周培源力学竞赛等活动以外，还将举办力学科普工作大会，并推出力学科普丛书。2007年，中国力学学会常务理事会决定组成《大众力学丛书》编辑委员会，计划集中出版一批有关力学的科普著作，把它们集结为

《大众力学丛书》，希望在我国科普事业的大军中团结国内力学界人士做出更有效的贡献。

这套丛书的作者是一批颇有学术造诣的资深力学家和相关领域的专家学者。丛书的内容将涵盖力学学科中的所有二级学科：动力学与控制、固体力学、流体力学、工程力学以及交叉性边缘学科。所涉及的力学应用范围将包括：航空、航天、航运、海洋工程、水利工程、石油工程、机械工程、土木工程、化学工程、交通运输工程、生物医药工程、体育工程等等。大到宇宙、星系，小到细胞、粒子，远至古代文物，近至家长里短，深奥到卫星原理和星系演化，优雅到诗画欣赏，只要其中涉及力学，就会有相应的话题。这套丛书将以图文并茂的版面形式、生动鲜明的叙述方式，深入浅出、引人入胜地把艰深的力学原理和内在规律介绍给广大读者。这套丛书的主要读者对象是大学生、中学生以及有中学以上文化程度的各个领域的人士。我们相信本套丛书对广大教师和研究人员也会有参考价值。我们欢迎力学界和其他各界的教师、研究人员以及对科普有兴趣的作者踊跃撰稿或提出选题建议，也欢迎对国外优秀科普著作的翻译。

丛书编委会对高等教育出版社的大力支持表示深切的感谢。出版社领导从一开始就非常关注这套丛书的选题、组稿、编辑和出版，派出了精兵强将从事相关工作，从而保证了这套丛书以优质的内容和崭新的形式亮相于国内科普丛书之林。

中国力学学会《大众力学丛书》编辑委员会
2008年4月

序言
Preface

　　振动可能是自然界中最普遍的运动形式。大海的波涛起伏、钟摆的摆动、机器的轰鸣、心脏的跳动，小到微观世界中电子围绕原子核的运动，大到太空中地球和其他行星围绕太阳的运动都是各种形式的振动现象。在工程技术中，振动不仅是降低机械加工精度、导致结构损坏的消极因素，也是执行传输、筛选、粉碎、压实等任务的有效方法。振动也是物理学中电学、光学和热学的理论基础。电系统的振动与通讯、广播、电视、雷达等工作密切相关。不仅在机械制造、飞机和船舶制造以及土木水利结构等与机械运动相关的传统工业部门，而且在电子信息等新兴技术部门中，振动都是重要的研究课题。

　　振动力学是动力学的一个分支，它研究振动现象的普遍性原理和各种特殊类型的振动。振动力学也是理工科大学的一门专业基础课程。各种振动力学教材系统地叙述了振动力学的丰富内容。传统的叙述方式是首先对振动对象建立数学模型，然后利用数学知识，主要是微分方程知识作必要的数学分析，以解释实际发生的振动现象。学习振动力学课程必须具备必要的力学和数学基础知识。

　　本书的写作目的是以通俗有趣的方式讲述振动力学的各方面

内容，既包括线性振动的传统内容，从单自由度振动到多自由度和连续体的振动，也涉及非线性振动，如干摩擦阻尼振动、自激振动、参数振动和混沌振动等内容，以及多频响应、跳跃、颤振、喘振、摆振等非线性现象。在叙述方式上力图避免或减少数学公式和数学推导，着重从物理概念上解释振动现象。较多篇幅用于列举实际生活中存在的形形色色振动现象，以及对这些现象的理论解释。在与振动力学理论基础有关的章节中，难以完全避免数学公式，但在正文中已减少到最低程度。需要借助数学公式的深入分析，在有关章篇末以附录形式给出。这部分内容，读者如具备理工科大学的一般数学知识就能顺利阅读。这部分所占篇幅极小的内容或许对大学生读者群有用，但读者如省略不读也不影响对正文的理解。

本书作为科普读物可供未学习过振动力学课程，希望了解振动力学基本知识的读者阅读，也可供正在学习这门课程的学生和教师参考。作为课外参考书，希望有助于提高学生对振动力学课程的理解和学习兴趣。书中部分插图选自参考文献。

陈立群教授对书稿作了详细审阅并提出许多宝贵意见，谨表示衷心感谢。

刘延柱
2011年6月于上海交通大学

目录

第1章 振动 / 1

1.1 振动及其产生条件 / 1
1.2 我们生活中的振动 / 4
1.3 振动力学的研究内容 / 6

第2章 自由振动 / 8

2.1 振子 / 8
2.2 胡克定律 / 8
2.3 简谐振动 / 10
2.4 数学模型 / 14
2.5 相轨迹 / 15
2.6 机械能守恒 / 17
2.7 硬弹簧和软弹簧 / 18
附录 保守系统的周期和相轨迹 / 19

第3章　阻尼振动 / 23

- 3.1　振动的衰减 / 23
- 3.2　库仑定律 / 25
- 3.3　黏性阻尼 / 26
- 3.4　等效黏性阻尼 / 29
- 3.5　弹性材料的内阻尼 / 30
- 3.6　有干摩擦的自由振动 / 31
- 3.7　振动传送 / 32
- 3.8　干摩擦的杰作 / 34
- 附录　阻尼自由振动的相轨迹 / 35

第4章　摆的故事 / 38

- 4.1　教堂里的发现 / 38
- 4.2　摆的实验 / 39
- 4.3　单摆和复摆 / 40
- 4.4　天平和杆秤 / 44
- 4.5　傅科摆 / 47
- 4.6　舒勒周期 / 49
- 4.7　摇摆的船舶 / 51
- 附录1　单摆的周期和相轨迹 / 52
- 附录2　舒勒周期摆 / 54

第5章 摆钟的诞生 / 56

- 5.1 古人如何计时 / 56
- 5.2 早期的机械钟 / 58
- 5.3 用摆计时的关键问题 / 60
- 5.4 擒纵机构 / 60
- 5.5 惠更斯钟 / 61
- 5.6 惠更斯钟的同步现象 / 64
- 附录 惠更斯摆的等时性 / 65

第6章 受迫振动 / 68

- 6.1 周期性激励和响应 / 68
- 6.2 简谐激励的受迫振动 / 71
- 6.3 倍频响应和跳跃现象 / 73
- 6.4 惯性力激励的受迫振动 / 74
- 6.5 共振现象 / 78
- 6.6 振动的隔离 / 80
- 6.7 非周期性激励 / 81
- 6.8 随机振动 / 84
- 6.9 振动的量测 / 87
- 附录 阻尼受迫振动 / 89

第7章 自激振动 / 92

- 7.1 自激振动现象 / 92

7.2	自激振动的特征 / 93
7.3	摆钟的原理 / 95
7.4	干摩擦激发的振动 / 96
7.5	输电线的舞动 / 99
7.6	管内流体的喘振 / 102
7.7	汽车转向轮的摆振 / 104
7.8	荡秋千和振浪 / 106
7.9	张弛振动 / 107
附录	摆钟的相轨迹 / 109

第8章 多自由度振动 / 112

8.1	多自由度系统 / 112
8.2	振动的合成 / 113
8.3	汽车的振动 / 116
8.4	弹簧耦合的双摆 / 119
8.5	动力吸振器 / 121
8.6	串联的双摆 / 123
8.7	船舶稳定器 / 124
8.8	游离的振动系统 / 125
附录	二自由度系统的振动 / 126

第9章 连续体的振动 / 128

| 9.1 | 弦的振动 / 128 |
| 9.2 | 梁的弯曲振动 / 129 |

目录

9.3 轴的扭转振动 / 135
9.4 参数振动 / 136
9.5 飞机机翼的颤振 / 137
9.6 杆系结构的振动 / 139
9.7 膜和板的振动 / 141
9.8 转经碗和半球陀螺仪 / 144
9.9 佛钟和编钟 / 146
附录 杆的纵向振动固有频率 / 147

第10章 振动与波动 / 150

10.1 一维波动 / 150
10.2 行波和驻波 / 152
10.3 声波和超声波 / 154
10.4 水波 / 157
10.5 波的干涉和衍射 / 161
10.6 多普勒效应 / 164
10.7 艏波 / 166
附录 声波在空气中的传播速度 / 167

第11章 振动与音乐 / 169

11.1 交响乐中的振动 / 169
11.2 毕达哥拉斯的发现 / 170
11.3 弦乐器的发声 / 171
11.4 管乐器的发声 / 174

11.5 乐器的音色 / 175

11.6 三分损益律 / 176

11.7 十二平均律 / 178

第 12 章 生物中的振动 / 181

12.1 心跳和呼吸 / 181

12.2 肢体震颤 / 182

12.3 人类的发声 / 183

12.4 人类的听声 / 184

12.5 动物的发声 / 185

12.6 扑翼和振翅 / 189

12.7 苍蝇和蜻蜓 / 191

第 13 章 混沌振动 / 194

13.1 混沌 / 194

13.2 规则激励的无规则响应 / 194

13.3 对初始条件的极端敏感性 / 197

13.4 庞加莱映射 / 200

13.5 奇怪吸引子 / 203

13.6 分形几何 / 205

13.7 混沌振动的实际意义 / 207

参考文献 / 209

第 1 章 振 动

1.1 振动及其产生条件

我们生活的世界存在着周而复始的振荡现象。大海的波涛起伏、花的日开夜闭、钟摆的摆动、心脏的跳动、经济发展的高涨和萧条等都是形形色色的振荡现象。古人关于日月、四季轮回交替的记载是对振荡现象的早期认识。如

"日精建明，星辰度理，

阴阳五行，周而复始"《汉书·礼乐志》

振动是具有振荡性质的机械运动。就是物体在平衡位置附近的微小或有限的往复运动。能产生振动的机械系统称为**振动系统**。

将一个物体投掷出去，物体就沿着抛物线飞向前方直至落地。因为不存在能将物体往回拉的作用力，这种运动不可能具有往复性。如果将物体与弹簧连接，它的运动就会使弹簧变形，产生与运动方向相反的拉力，迫使它回到原来的平衡位置。物体的运动才可能在平衡位置附近具有振荡性。这种迫使物体回归平衡位置的作用力称为**恢复力**。就一切机械系统而言，恢复力是运动具有往复性必须具备的因素。

实际的恢复力可以是各式各样的。上面提到的弹簧是最普通也是最直观的恢复力。其实不仅限于弹簧，任何具有弹性的物体变形后都能产生恢复力。图1.1给出与弹簧等效的几种弹性部件，其中(a)是带弹簧的机构，(b)是工程中常见的弹性梁，(c)和(d)是能产生弹性恢复力矩的扭簧和弹性轴。

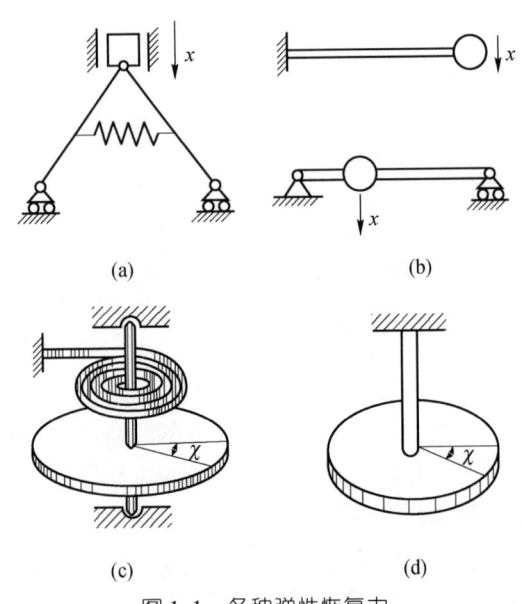

图1.1　各种弹性恢复力

在特殊的约束条件下，重力也能起恢复力作用。将一颗小绿豆放在半球形碗里，它在碗底的最低处保持平衡。豆子如偏离这个位置，由于碗壁的约束，垂直向下的重力会将豆子推回到原处（图1.2a）。将细绳的一端固定，另一端拴一个坠子。这种简单的装置称为**单摆**（图1.2b）。单摆平衡时坠子将细绳沿铅垂线拉直。偏离平衡位置时由于受细绳的约束，坠子只能在以固定端为中心的球面上运动。因此它和碗里的豆子很相似，也是重力起着恢复力作用。将单摆的细绳和坠子改成刚性物体，就成为**复摆**

(图 1.2c)。重力对复摆的恢复作用与单摆完全相同。图 1.2d 表示桌面上摆动的半圆柱体是变相的复摆。图 1.2e 是重力恢复作用的另一种特殊形式。U 形管内的液体如偏离平衡状态以至两边的液面不平，液面较高的一侧液体的重力就会迫使液体流回另一侧起恢复作用。

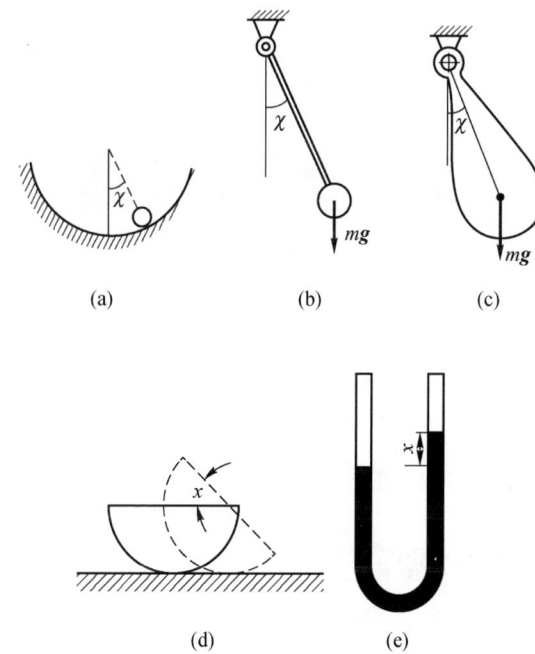

图 1.2　各种重力恢复力

按照运动稳定性理论的定义，任何机械系统受到扰动偏离平衡状态时，如果偏离的程度保持在小范围内，不会随着时间的推移而扩大，这种平衡状态称为**稳定**的。如果不仅不扩大，而且不断缩小偏离的程度，逐渐回复到平衡位置，则称平衡是**渐进稳定**的。如果偏离程度不断扩大，与平衡位置渐行渐远，则称平衡是**不稳定**的。根据以上对恢复力的分析，可以看出，稳定平衡和渐进稳定平衡是以恢复力的存在为前提的。换句话说，系统只有在稳定或渐进稳定的平衡状态下才能在平衡状态的附近产生振动。以图 1.3 表示的 3 种平衡状态为例，在状态(a)中，作用于物体的重力产生指向平衡位置的分量形成恢复力，形成稳定平衡。状态(b)则不同，一旦偏离平衡位置，重力的分量不仅没有恢复作用，反而推动物体远离平衡位置，是不稳定平衡。状态(c)介于两种状态之间，是不存在恢复力也不存在排斥力的随遇平衡，也不可能产生振动。可见平衡状态的稳定性是产生振动的必要条件。

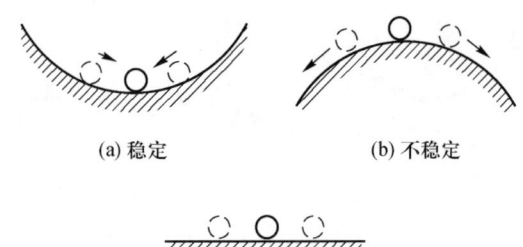

(a) 稳定　　　　　　(b) 不稳定

(c) 随遇平衡

图 1.3　三种平衡状态

1.2　我们生活中的振动

振动可能是自然界中最普遍的运动形式。小到微观世界中电子围绕原子核的往复运动，大到太空中地球和其他行星围绕太阳的周期运动。人类赖以交流的语言，从声带的发声，声波的传播到耳膜的感知，都是各种形式的振动现象。振动和我们的生活有着太多的联系。

在工程技术中，振动的实际意义就更重要了。在许多情况下，机械振动被认为是消极因素。例如振动会影响精密仪器的性能，降低加工精度和光洁度，加剧构件疲劳和磨损，缩短机器和结构物的使用寿命，甚至引起结构的破坏。典型的例子是 1940 年美国塔可马(Tacoma)吊桥因风载引起振动而坍塌的事故

(图1.4)。即使不引起破坏,汽车和飞机的振动也会劣化乘载条件,强烈的振动噪声会形成公害。

图1.4 塔可马(Tacoma)桥的坍塌

然而振动也有积极的一面。例如生产工艺中的振动传送、振动筛选、振动抛光、振动粉碎、振动打桩、振动压实和振动捣固,用于水下探测的声呐技术,用于医学检查的超声技术等(图1.5)。振动理论也是物理学中电学、光学和热学的理论基础。电磁系统的振动与通讯、广播、电视、雷达等工作密切相关。因此不仅在机械制造、飞机和船舶制造以及土木水利结构等与机械运动相关的传统工业部门中,而且在电子信息等新兴技术部门中,振动都是重要的研究课题。

图1.5 振动打桩

1.3 振动力学的研究内容

振动力学是一般力学的一个分支，它研究振动现象的普遍性原理和各种特殊类型的振动。按照对象不同的自由度，可区分为单自由度系统、多自由度系统和连续系统的振动。按照数学模型的类型，区分为线性振动和非线性振动。按照振动过程中系统与外界之间不同的能量交换关系，又可区分为自由振动、受迫振动、自激振动和参数振动。

人类对振动现象的了解和利用有着漫长的历史，远古时期的先民已有利用振动发声的各种乐器。人们对与振动相关问题的研究起源于公元前6世纪毕达哥拉斯(Pythagoras)(图1.6)。他通过实验观测，总结出弦线振动的音调与弦线的长度、直径和张力的关系。在我国，早在公元前3世纪战国时期的庄子(图1.7)就有关于振动现象的记载：

"同类相从，同声相应，固天之理也。"《庄子·渔父》这里的"同声相应"就是对共振现象最早的文献记载。

图1.6　毕达哥拉斯
(Pythagoras, 572BC—497BC)

图1.7　庄子(369BC—286BC)

振动力学作为一门严格的科学，始于16世纪的伽利略(Galileo Galilei)。他发现了单摆的等时性现象，并利用他推导的自由落体公式计算了单摆周期。17世纪的惠更斯(Huygens，C.)注意到单摆大幅摆动时会偏离等时性，提出如何使单摆具有严格等时性，以及如何将摆的振动用于计时的具体方案。他还发现两只频率接近的摆钟之间存在同步现象。1678年胡克(Hooke，R.)发表的弹性定律，和1687年牛顿(Newton，I.)发表的动力学定律为振动力学的发展奠定了物理基础。数百年来，由于工业技术的推动，振动力学已发展成为具有丰富内容的力学学科。为解决工程技术中与振动有关的各种技术问题提供理论依据。

  本书从最简单的单自由度线性系统的自由振动开始，通过对各种振动现象的通俗解释，向读者介绍振动力学所包含的丰富内容。

第 2 章 自 由 振 动

2.1 振子

顾名思义，**振动系统**就是能产生振动的机械系统。最简单的振动系统由简化成质点的质量块和一个忽略质量的弹簧组成，称为质量弹簧振子，简称**振子**(图 2.1)。在力学中，确定机械系统状态的独立坐标数目称为系统的**自由度**。振子只有一个自由度，就是单自由度系统。在图 1.1 表示的振子中，振动的主体是质点，起恢复力作用的元件是螺圈弹簧。但广义的振子概念并不限

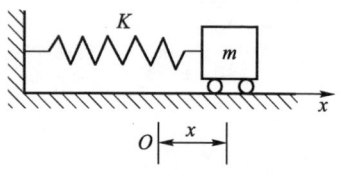

图 2.1 质量弹簧振子

于质点和螺圈弹簧，任何单自由度振动系统，如第 1 章中图 1.1 和 1.2 表示的各种恢复力(弹性力和重力)，所构成的振动系统都可看成是振子。

2.2 胡克定律

要分析振子的运动规律，首先必须了解弹簧变形与作用力之

间的对应关系。描述这种关系的定律是以 17 世纪与牛顿同时代的英国科学家胡克(图 2.2)的名字命名的。胡克 1635 年出生于英国威特岛的牧师家庭。他在力学、光学、天文学和生物学多个学科都有重大发现,而其中最重大的贡献莫过于关于弹性变形的胡克定律。胡克定律指出:在弹性限度内,弹簧的弹性力 F 和弹簧长度的变化 x 成正比,表示为

$$F = Kx \tag{2.1}$$

公式中的系数 K 是表征弹簧弹性的系数,也就是弹簧单位变形所产生的弹性力,称为**弹簧刚度**。弹簧刚度由弹簧的材料性质和几何因素确定,单位是牛/米(N/m)。弹簧所产生的弹性力总是和弹簧的伸长或压缩的方向相反。将 x 作为横坐标,F 作为纵坐标,按照胡克定律画出的弹性力和变形关系曲线就是一条直线(图 2.3)。材料的这种直线形式的物理关系称为线性关系。可以用线性关系描述的振动现象称为**线性振动**。

图 2.2 胡克
(Robert Hook, 1635—1703)

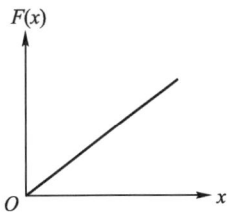

图 2.3 胡克定律确定的力和变形关系

在探寻上述结论的过程中,胡克对各种材料的金属丝、螺圈

弹簧和悬臂梁等各种类型的弹性体做了大量实验。在他的题为《弹簧》的论文中有着详细的叙述。其中关于弹簧的实验是将弹簧的一端固定在轻巧的滑轮上，滑轮的另一端悬挂砝码。弹簧的变形通过滑轮的转角测出（图2.4）。在力学的发展过程中，胡克定律被认为是最重要的基本定律之一。它适用于绝大部分弹性物体，但仅限于物体变形的一定范围，也就是物体的弹性范围。如变形很大，超过这个范围，胡克定律就不再适用了。

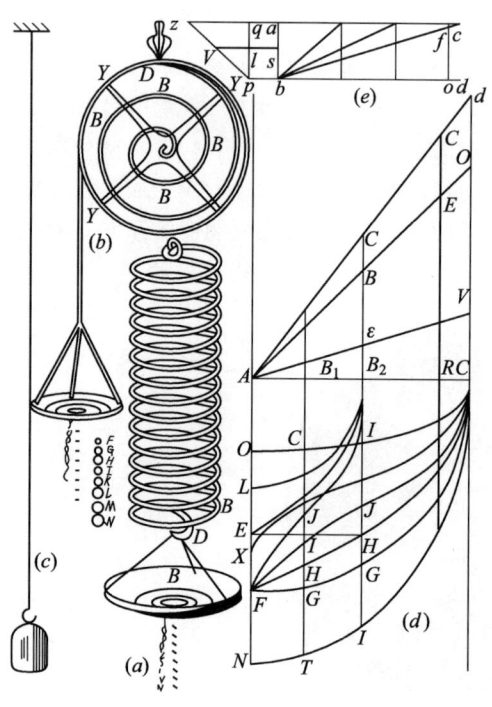

图2.4　胡克的弹簧实验装置

2.3　简谐振动

任何振动系统处于平衡状态时，外界必须向振子输入能量才能激发起振动。如果这种激发仅限于初始时刻，振动开始以后就不再有外界的能量输入，这种振动就称为自由振动。悬挂在寺庙里的佛钟要用锤撞击才会发出声音，钟在敲响后的运动就是自由振动。

要了解自由振动的规律，不妨先做个实验。仿照图2.4中胡克的实验装置，用一只柔软的弹簧悬挂一个质量块。再安装一个绕垂直轴匀速转动的圆筒。推动一下质量块作为初始激励，使它沿垂直轴做自由振动。与质量块固定的笔尖与卷在圆筒上的记录纸接触，就描绘出一条曲线(图2.5)。

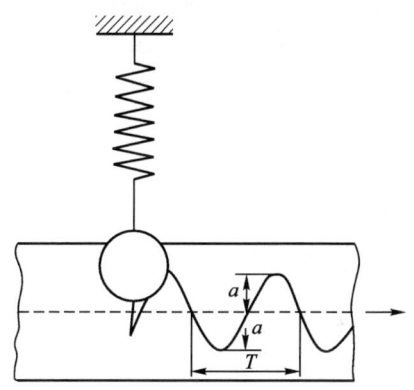

图2.5 记录振子的自由振动

展开记录纸，将纸上与质量块静止时对应的点作为原点 O，偏离 O 点的距离为纵坐标 x，横坐标与时间 t 成比例，就得到振子自由振动的实验曲线。记录纸上的这条曲线是一条正弦曲线。说明振子偏离平衡位置的位移 x 随着时间 t 的变化是按照正弦规律进行的。这种按正弦规律进行的往复振动称为**简谐振动**，是最常见的振动形式。简谐振动可用数学公式表示为

$$x = a\sin(kt + \delta) \qquad (2.2)$$

观察图2.6中画出的简谐变化曲线。公式(2.2)中的常数 a 是振子摆动的幅度，称为**振幅**。括弧内的 $kt+\delta$ 确定 x 在不同时刻的

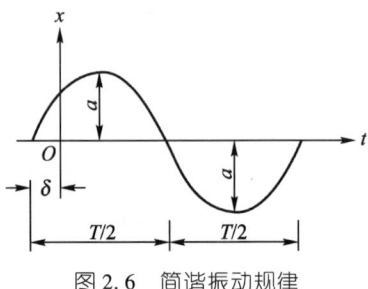

图 2.6　简谐振动规律

值，称为振动的**相角**。参数 k 是相角变化的速度，称为振子的**固有角频率**，单位是弧度/秒（rad/s）。将角频率 k 除以 2π，就是单位时间的振动次数，即振动的**固有频率** f

$$f = \frac{k}{2\pi} \tag{2.3}$$

频率的单位以德国物理学家赫兹（Hertz, H.）命名，他因用实验证实电磁波的存在而闻名。1 赫兹（Hz）就是每秒振动一次。f 的倒数表示每次振动的持续时间，称为振动的周期，单位是秒，用 T 表示

$$T = \frac{2\pi}{k} \tag{2.4}$$

相角每增加 2π，即时间每隔一个周期 T，x 和 x 的变化速度，也就是对时间 t 的导数 $\dot{x}$，都恢复为原来的值而完成一次往复。δ 是与振动初始状态有关的参数，即 $t=0$ 时的相角，称为振动的初相角。不同的 δ 表示振子不同的初始状态。

设想在 (Oxy) 平面内，以原点 O 为中心作一个半径为 a 的圆，动点 P 从初始位置 P_0 出发沿圆弧做圆周运动（图 2.7）。设 OP_0 与 y 轴的夹角为 δ，OP 相对圆心 O 的转动角速度为 k，则 OP 与 y 轴的夹角为 $kt+\delta$。

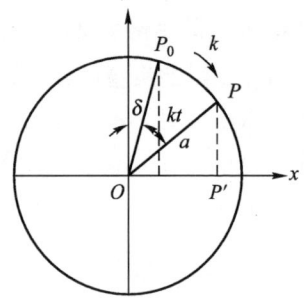

图 2.7　简谐振动与圆周运动

第2章 自由振动

将沿圆弧运动的 P 点投影到 x 轴上，则投影的变化规律就是式(2.2)表示的简谐运动规律。从中可以看出简谐运动与圆周运动之间的密切联系。在图2.7中，角频率 k 和初相角 δ 都具有直观的几何意义。

对振子施加不同的初始激励，比较所得到的曲线。可以看出，曲线的振幅取决于初始激励的强度而各不相同，但周期完全相同(图2.8)。表明振子的固有角频率或周期与初始条件无关，是系统固有的物理参数。对两个相同的振子在不同时刻施加初始激励，所得到的正弦曲线前后错开一段距离，各自对应于不同的初相角，分别记作 δ_1 和 δ_2。二者之差 $\delta_1 - \delta_2$ 就是两个振动过程之间的相位差。作为特例，如初始时令两个振子的运动方向相反，就得到两条互为反对

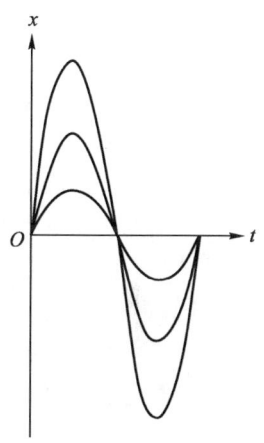

图2.8　不同振幅的简谐振动

称的正弦曲线。这种情况称作互为反相，是相位差等于180°的特殊情形(图2.9a)。相位差等于90°情形为另一特例，二者之间如同正弦曲线和余弦曲线之间的关系。前者的最大值对应于后者的零点，反之亦然(图2.9b)。按照正弦规律变化的简谐振动，其

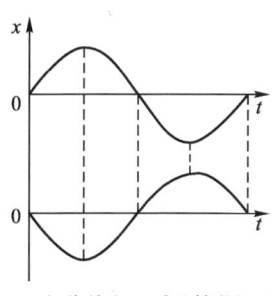

(a) 相位差为180°的简谐振动

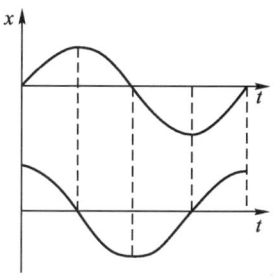

(b) 相位差为90°的简谐振动

图2.9　不同相位的简谐振动

位移和速度之间的相位差是 90°，而位移和加速度之间的相位差是 180°。

2.4 数学模型

以上根据实验结果总结了振子的自由振动规律。为了对实验现象作出理论解释，首先要建立振子的数学模型，也就是要列写振子的运动微分方程。

将振子的质量块看作是一个质量为 m 的质点，弹簧的质量不计。以弹簧不变形时质点的平衡位置 O 作为原点，沿运动方向建立坐标轴 x(图 2.1)。忽略与支持平面接触的摩擦力，当质点因初始扰动而偏离平衡位置时，弹簧产生与位移相反的恢复力作用在质点上。根据牛顿的动力学定律，弹簧的作用力 F 与振子的加速度成正比。加速度等于位移 x 对时间 t 的二阶导数，写作 $\ddot{x}$。弹簧作用力 F 遵循胡克定律(2.1)，因与运动方向相反须增加负号。列出

$$m\ddot{x} + Kx = 0 \qquad (2.5)$$

令各项除以 m，改写成

$$\ddot{x} + k^2 x = 0 \qquad (2.6)$$

这个常微分方程就是振子的数学模型，方程中的 k 是由质量 m 和弹簧刚度 K 确定的参数

$$k = \sqrt{\frac{K}{m}} \qquad (2.7)$$

直接代入可以证实，正弦函数 $\sin kt$ 或余弦函数 $\cos kt$ 都是方程(2.6)的特解。根据常微分方程理论，这两个特解的线性组合就构成这个方程的通解，写作

$$x = C_1 \sin kt + C_2 \cos kt \qquad (2.8)$$

令 $C_1 = a\cos\delta$，$C_2 = a\sin\delta$，就得到与实验结果完全一致的运动规律(2.2)。从而证明，式(2.7)定义的参数 k 就是振子自由振动的固有角频率，将式(2.7)代入式(2.4)，就得到振子的周期计

第 2 章 自由振动

算公式

$$T = 2\pi \sqrt{\frac{m}{K}} \qquad (2.9)$$

振子的固有角频率或周期是仅由振子的物理性质确定的参数，与振幅无关。任何打击乐器无论重敲或轻敲，发出声音的强弱可以不同，但声调都相同。振子的质量愈小或刚度愈硬，固有角频率就愈高，周期就愈短。中国古代编钟由一系列从大到小的铜钟排列而成，钟的重量和体积愈小，发出声音的频率就愈高。

通过以上理论分析，就能对振子自由振动的实验现象作出完美的解释。所利用的振子数学模型(2.6)是一个线性微分方程。在振动力学中，凡是能用线性常系数常微分方程描述的振动系统统称为**线性系统**。线性系统是振动系统最简单也是最普遍的数学模型。但一般情况下，线性系统只是振动系统在小振幅条件下的近似模型。振幅增大到一定程度，用线性系统分析振动就可能出现较大的误差。比如上述固有频率与振幅无关的结论在振幅很大情况下就不再适用了。

2.5 相轨迹

前面已说明，振子的位移和速度是表达振子运动状态的两个变量，称为**状态变量**。振子的速度等于位移 x 对时间 t 的导数，改用一个新变量 y 表示

$$y = \dot{x} \qquad (2.10)$$

以 x 和 y 为直角坐标建立 (x,y) 平面，称为系统的**相平面**。在每个确定的时刻，振子运动的状态变量 x 和 y，也就是它的位置和速度，与相平面上的点一一对应，这些点就称为**相点**。随着时间的推移，相点在相平面上移动，所描绘出的轨迹就称为**相轨迹**(图 2.10)。

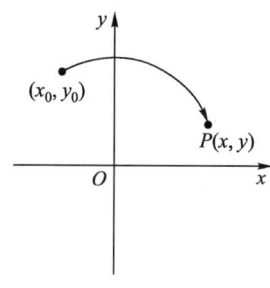

图 2.10　相平面内的相轨迹

相平面的原点 O 是一个特殊的相点。根据附录中的说明，相轨迹在这个特殊点处是不确定的。也就是说，可能没有相轨迹通过 O 点，或者有无数条相轨迹通过 O 点。这种特殊的相点称为相轨迹的**奇点**。在奇点处 x 和 y 都等于零，也就是振子的速度和加速度同时等于零，所对应的状态就是系统的平衡状态。因此奇点也称为**平衡点**。当振子在外界的扰动作用下开始运动时，相点就离开平衡点位置，改为沿平衡点附近的相轨迹移动。以第1章图 1.3 中的状态(a)所表示的稳定平衡状态为例，物体受扰后重力产生与运动方向相反的分力，阻止物体的偏离。受扰后的运动是以平衡位置为中心的等幅振动。在相平面内，相当于相点偏离 O 点后沿封闭的相轨迹运动。进一步可以证明，封闭轨迹是围绕 O 点的椭圆曲线，椭圆的幅度随着初始扰动的强度增大。不同初始扰动对应的不同幅度的椭圆组成围绕 O 点的同心椭圆曲线族(图 2.11a)。这种被椭圆族围绕的奇点就称为"中心"。

在不稳定平衡状态的附近，运动性质就完全不同。在图 1.3 的状态(b)中，当物体偏离平衡位置时，重力产生向运动方向推动的分力，使质点更快远离平衡位置。与状态(a)比较，原来起恢复作用的重力反而起了排斥作用，相当于使方程(2.5)中的参数 K 变成负值。也可将这种取负值的刚度系数称为"负刚度"。不稳定的负刚度系统所对应的相轨迹是双曲线族(图 2.11b)。相点只要稍稍偏离 O 点，就会沿着双曲线越来越快地无限偏离奇点。这种被双曲线族围绕的奇点称为"鞍点"。于是物体在平衡位置附近的运动性质就可以由奇点附近的相轨迹直观地反映出来。或者认为，运动性质可以由奇点的类型反映出来。"中心"附近的运动是稳定的周期运动，"鞍点"附近的运动是不断远离平衡点的不稳定运动。就我们所讨论的振子而言，它的奇点只能是"中心"，因为振动只能在稳定平衡状态附近发生。这种利用抽象的相轨迹几何特征来判断实际物体的运动特征的方法，称为振动的定性分析方法。

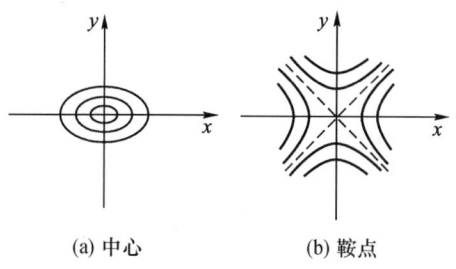

(a) 中心　　　　　(b) 鞍点

图 2.11　中心和鞍点附近的相轨迹

2.6　机械能守恒

在以振子为代表的振动系统中，质量块是具有惯性的惯性元件，弹簧是产生恢复力的弹性元件。惯性元件和弹性元件是所有振动系统必须具备的基本要素。不考虑实际存在的各种阻尼因素，这种仅由惯性元件和弹性元件组成的系统称为**保守系统**。在振动过程中，弹性元件产生的势能 E_p 与位移 x 的平方成正比，惯性元件产生的动能 E_k 与速度 $\dot{x}$ 的平方成正比，分别是

$$E_p = \frac{1}{2}Kx^2, \quad E_k = \frac{1}{2}m\dot{x}^2 \tag{2.11}$$

假设在初始时刻，将振子拉开 a 距离后放手，初始条件就是

$$x(0) = a, \quad \dot{x}(0) = 0 \tag{2.12}$$

振子按照式(2.2)的规律振动。为满足上述初始条件，必须将相角取作 $\delta = 90°$。化作

$$x = a\cos kt, \quad \dot{x} = -ak\sin kt \tag{2.13}$$

代入式(2.11)计算振子的势能和动能并相加，就得到保守系统的总机械能 E

$$E = E_p + E_k = \frac{1}{2}(Kx^2 + m\dot{x}^2) = \frac{1}{2}Ka^2 = 常数 \tag{2.14}$$

算出的总机械能 E 是和振幅 a 的平方成正比的常数。这个结论具有普遍意义。任何保守系统的动能和势能之和都保持常值，

称为保守系统的总机械能守恒。在保守系统的运动过程中,弹簧恢复力对物体所做的正功使系统的势能减小,同时使物体的动能增大。相反,弹簧恢复力的负功使系统的势能增加,物体的动能减小。将惯性元件和弹性元件看成是动能和势能的储存器。在振动过程中,惯性元件储存的动能和弹性元件储存的势能在系统内部周期性地相互转换。所储存的总机械能来自初始时刻的激励,此后与外界再没有能量的输入或输出。

2.7 硬弹簧和软弹簧

一般情况下,弹簧恢复力和变形之间仅当变形较小时才遵循胡克定律。有些弹簧对于较大的变形可能偏离胡克定律的线性规律。例如在图2.12中,钢片弹簧在固定点附近被夹在两侧的刚性壁之间,受到约束的钢片长度随着变形的增大而缩短。根据第9章9.2节的分析,钢片弹簧的长度愈短刚度就愈大。弹簧恢复力与变形之间的函数关系就改成

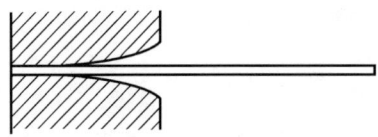

图2.12 非线性弹簧

$$F = Kx(1+\varepsilon x^2) \qquad (2.15)$$

$\varepsilon > 0$ 时刚度随着变形增大,称为硬弹簧。如 $\varepsilon < 0$,则弹簧刚度随着变形减小,称为软弹簧(图2.13)。式(2.1)表示的胡克定律的线性关系是 $\varepsilon = 0$ 时的特例。

将式(2.15)表示的非线性弹簧构成振子,其数学模型是一个非线性微分方程,称为达芬方程

$$\ddot{x} + k^2 x(1+\varepsilon x^2) = 0 \qquad (2.16)$$

用非线性微分方程描述的振动统称为**非线性振动**。除有限的特殊情形以外,一般情况下,很难找到非线性常微分方程的精确解析

积分。对这类微分方程的数学处理构成振动力学的一个重要分支,即非线性振动力学。

在附录中将使用直观的相平面方法,根据相轨迹的几何特征定性地分析非线性系统的自由振动规律。分析的结果是:硬弹簧作用下振子的平衡状态总是稳定的,对应的奇点总是中心。软弹簧的情况则不同,振子只有能量较小时平衡状态才是稳定的,能量大到一定程度时奇点会从中心转变成鞍点,平衡状态就会失去稳定。

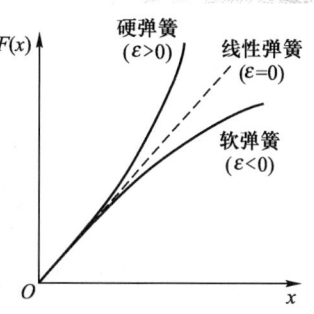

图 2.13 非线性弹簧的恢复力与变形的关系

附录:保守系统的周期和相轨迹

将保守系统的普遍形式动力学方程写成

$$m\ddot{x} + F(x) = 0 \tag{2.17}$$

令 $y = \dot{x}$,$f(x) = F(x)/m$,二阶微分方程(2.17)可以分解成状态变量 x 和 y 随时间 t 变化的两个一阶微分方程

$$\dot{y} = -f(x) \tag{2.18a}$$

$$\dot{x} = y \tag{2.18b}$$

将这两个方程的左右两边分别相除,消去时间 t 的微分,化成只含两个变量 x 和 y 的一阶微分方程

$$\frac{\mathrm{d}y}{\mathrm{d}x} = -\frac{f(x)}{y} \tag{2.19}$$

方程(2.19)确定的积分曲线就是 (x,y) 相平面内的相轨迹。

一般情况下,相平面内各个点都有确定的相轨迹通过,只有能使方程(2.19)右边分子分母同时等于零的特殊点例外。由于这些点的 $\mathrm{d}y/\mathrm{d}x$ 不存在或为不定值,相轨迹可能不存在或可能有无数不确定的相轨迹存在。这些特殊点就是相轨迹的奇点。奇点

处的坐标(x_s, y_s)满足方程

$$y_s = 0, \quad f(x_s) = 0 \tag{2.20}$$

$y_s = 0$ 表示奇点都分布在横坐标轴上。方程(2.18)可以分离变量积分,得到相轨迹曲线的数学式,即

$$E_p(x) + \frac{1}{2}my^2 = E \tag{2.21}$$

公式中的积分常数 E 为系统的总机械能,$E_p(x) = \int_0^x F(x)\,\mathrm{d}x$ 是保守系统的势能。对于线性系统,令 $E_p = Kx^2/2$,就得到与前面导出的能量守恒公式(2.14)一致的结果。对于更一般的情况,将非线性弹簧的弹性力 $F(x) = Kx(1 + \varepsilon x^2)$ 代入,得到

$$E_p(x) = \frac{1}{2}Kx^2\left(1 + \frac{1}{2}\varepsilon x^2\right) \tag{2.22}$$

所对应的相轨迹见图 2.14。可以看出,与硬弹簧($\varepsilon > 0$)对应的相轨迹都是封闭曲线,系统的平衡状态总是稳定的。软弹簧($\varepsilon < 0$)除了稳定奇点 $x_s = 0$ 以外,还存在另一个不稳定奇点 $x_s = \pm\sqrt{2/|\varepsilon|}$,附近的相轨迹是双曲线族。因此软弹簧仅当能量较小时才是稳定的,能量大到一定程度时系统就失去稳定。线性系统的相轨迹是 $\varepsilon = 0$ 时的特殊情形(图 2.15)。

从式(2.21)解出 $y(x)$ 代入式(2.18b),沿封闭的相轨迹积分,可以算出自由振动的周期

$$T = \oint \frac{\mathrm{d}x}{y(x)} = \sqrt{\frac{m}{2}} \oint \frac{\mathrm{d}x}{\sqrt{E - E_p(x)}} \tag{2.23}$$

先计算线性系统的周期。令式(2.22)中 $\varepsilon = 0$,式(2.21)中 $x = a$,$y = 0$,将算出的 $E_p(x)$ 和 E 代入式(2.23)。每隔四分之一周期,令 x 从 0 到 a 作一次积分,再乘以 4 倍就得到周期 T

$$T = \frac{4}{k}\int_0^a \frac{\mathrm{d}x}{\sqrt{a^2 - x^2}} = \frac{2\pi}{k} \tag{2.24}$$

从而证明,线性系统的固有频率和周期都是常值。若考虑非线性

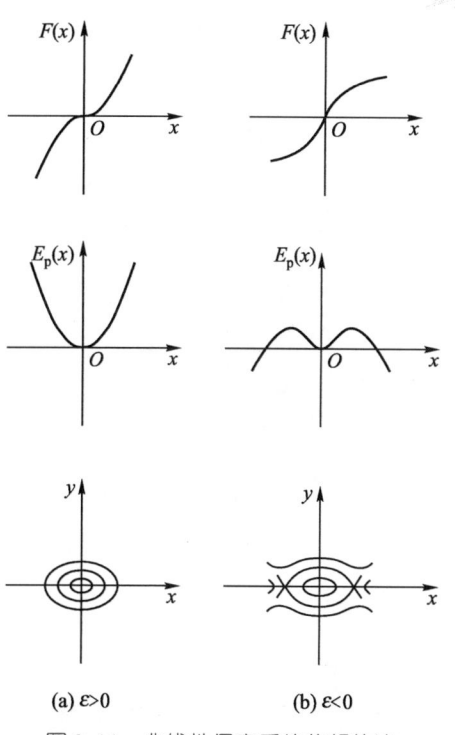

(a) $\varepsilon>0$　　　　(b) $\varepsilon<0$

图 2.14 非线性保守系统的相轨迹

因素，仅保留 ε 的一次项时，积分得到

$$T = \frac{4}{k}\int_0^a \frac{\mathrm{d}x}{\sqrt{a^2-x^2+(\varepsilon/2)(a^4-x^4)}} = \frac{2\pi}{k}\left(1-\frac{3}{8}\varepsilon a^2\right)$$

(2.25)

可见非线性系统自由振动的周期随振幅 a 改变。从周期算出的固有角频率是振幅 a 的函数，改用 $\hat{k}$ 表示为

$$\hat{k} = k\left(1+\frac{3}{8}\varepsilon a^2\right) \quad (2.26)$$

固有频率 $\hat{k}$ 随振幅 a 增加（硬弹簧），或减小（软弹簧）。只有在线性系统的特殊情况，固有频率和周期才是与振幅无关的常数。

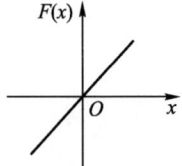

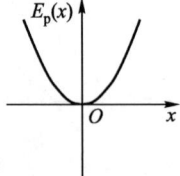

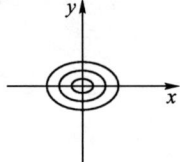

图 2.15 线性保守系统的相轨迹

阻 尼 振 动

3.1 振动的衰减

上一章中说明振子的自由振动是简谐振动。无论振动的时间有多长，振幅都保持不变。但实际情况并非如此。在寺庙里撞钟，撞击后发出的洪亮钟声在空气中回荡的时间再长，哪怕是"余音绕梁，三日不绝"，最终总会逐渐减轻直至消失。由于实际存在的阻尼因素的影响，大钟的自由振动就从简谐振动转变成振幅不断衰减的往复振动，称为**阻尼振动**。实际存在的阻尼因素是多种多样的，比如

- 弹性材料的内阻尼
- 空气中的声波辐射
- 接触面的摩擦力
- 流体介质的阻力
- 磁场的涡流阻力

因此任何实际的振动系统都不是理想的保守系统。初始激励输入的能量被阻尼转化成其他形式的能量而逐渐耗散。式(2.2)表示的振子自由振动的简谐性质只是当阻尼极其微弱时的近似描述。

为了观察阻尼对自由振动的影响，将振子浸在液体中。利用液体黏度的不同，或振子与液体接触面积的不同来改变阻尼的强度（图3.1）。当阻尼较微弱时，观察到的振子运动仍具有往复性，只是振幅不断减小（图3.2）。上面提到的撞钟就属于这种往复的衰减振动。阻尼对振动的周期也有影响，使周期稍微变长。如果将振子浸在黏性极强的稠密液体中，振子往复振荡的运动特性就会完全失去，转变成为不断衰减的向平衡位置趋近的单方向运动（图3.3）。

产生这种现象的原因是，振子在运动过程中，受到沿振子运动相反方向的阻尼力所做的负功，使振子的机械能不断减小。根据上一章的式(2.14)，振子的总机械能和振幅的平方成正比，因此能量的耗散必然导致振幅的减小。在阻尼比较微弱的情况下，阻尼力尚不能超过弹簧的恢复力，振幅虽不断减小但运动仍具有往复性。但如果阻尼作用太强，超过了弹簧的恢复力，运动的往复性就不再存在了。阻尼振动就转变成单方向的衰减运动。由衰减往复运动转化为衰减非往复运动，阻尼因素存在一个特殊的临界值，称为临界阻尼。

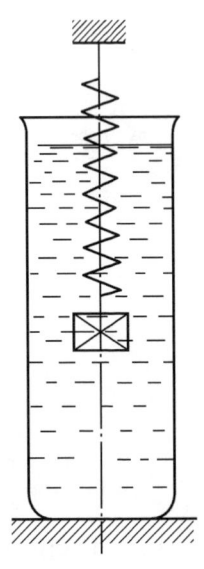

图3.1　振子在液体中的自由振动

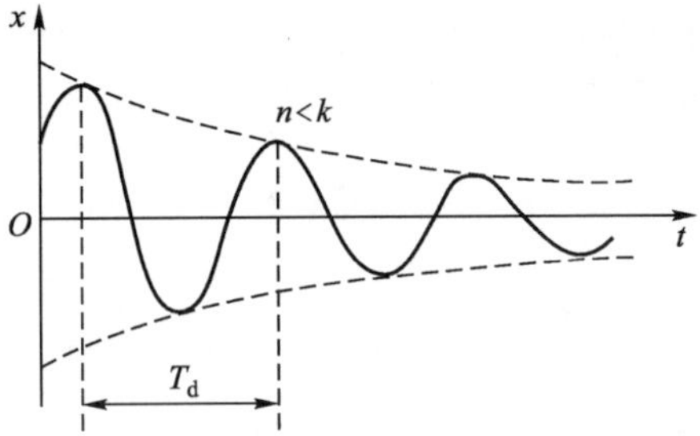

图3.2　衰减振动

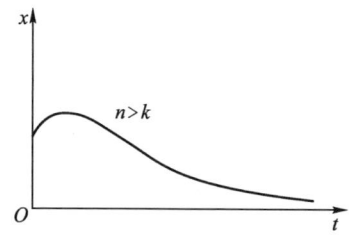

图3.3 衰减的非往复运动

3.2 库仑定律

物体之间因接触和滑动产生的阻尼力有十分复杂的机理，以至于对它的研究形成一门称为摩擦学的学科。在没有液体润滑情况下的滑动摩擦称为**干摩擦**。1781年法国物理学家库仑（Coulomb, C. A.）（图3.4）通过对干摩擦的物理实验总结出一条著名的**库仑定律**。可叙述为：物体之间保持静止接触的最大静摩擦力 F_{max} 与相互作用的正压力 F_N 成正比：

$$F_{max} = \mu_s F_N \quad (3.1)$$

其中的比例系数 μ_s 与物体接触的表面状况有关，称为静摩擦因数。库仑定律很容易被实验证实。在地板上拖动一只箱子，箱子愈重摩擦力就愈大，也就愈难拖动。

图3.4 库仑
（Coulomb, C. A., 1736—1806）

当物体之间有相对滑动时，所产生的动摩擦力 F_d 也能用库仑定律描述为

$$F_d = \mu F_N (-\text{sgn } v) \quad (3.2)$$

公式中的系数 μ 称为动摩擦因数。一般情况下，动摩擦因数要小

于静摩擦因数，$\mu < \mu_s$。这也容易理解，箱子一旦被拖动，所用的力就比拖动前要小些。式(3.2)的括号内，v 的带负号的符号函数($-\text{sgn}\, v$)表示动摩擦力总是和滑动速度 v 的方向相反。对于相对静止的特殊情况，滑动速度为零，在最大摩擦力的限制条件下，摩擦力可以指向任意方向。对于动摩擦情形，如果以滑动速度 v 为横坐标，动摩擦力 F_d 为纵坐标，可作出 $F_d(v)$ 的函数曲线如图 3.5a 所示。

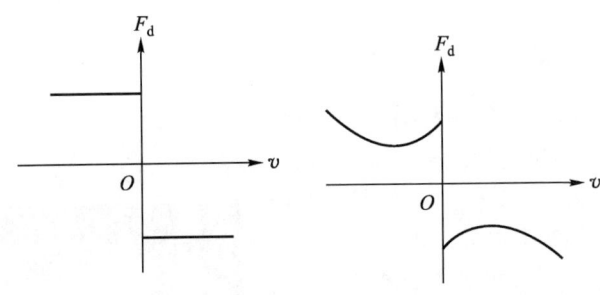

(a) 库仑动摩擦力的变化规律　　(b) 更准确的动摩擦力变化规律

图 3.5　动摩擦力 F_d 随滑动速度 v 变化的函数曲线

库仑定律只是对干摩擦规律的近似描述，它忽略了滑动速度 v 的变化对动摩擦力的影响。通过更深入的实验研究了解到，当相对速度从零开始增大时，摩擦力起先快速降低，随后随着速度的继续增加而缓慢增大，如图 3.5b 中给出的 $F_d(v)$ 函数曲线所示。

3.3　黏性阻尼

在物体之间的接触面上加一点液体，例如在门轴里加点润滑油，摩擦力就大为降低。因为液体的存在改变了摩擦的性质，使干摩擦转变成**黏性阻尼**。黏性阻尼力具有与干摩擦力完全不同的物理性质，它与滑动速度之间满足线性的比例关系，与物体的正压力无关。这是由于介于接触物体之间的润滑液形成薄膜，液膜的一面附着在固定物体,另一面附着在运动物体。当相对速度不很大时,由于液体黏性所产生的切向力 F_d 与液膜的切向速度 $v = \dot{x}$ 成正比。可表示为

$$F_d = -c\dot{x} \qquad (3.3)$$

上述液膜产生的切向力就是黏性阻尼。表示黏性强弱的系数 c 取决于物体的接触面积和润滑液的物理性质。负号表示黏性阻尼力总是与滑动速度的方向相反。黏性阻尼规律(3.3)也适用于图2.1表示的物体在液体介质中的运动。

在图2.1所示的弹簧振子上增加用简化的缓冲器表示黏性阻尼(图3.6)。将式(3.3)表示的阻尼力 F_d 增加到振子自由振动方程(2.5)的右边,各项与质量 m 相除,仍利用 $k = \sqrt{K/m}$ 表示无阻尼自由振动的角频率,

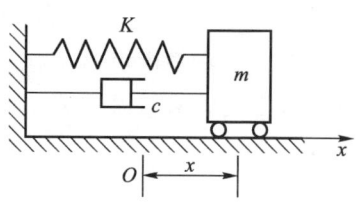

图3.6 有黏性阻尼的振子

引入参数 $n = c/2m$ 作为表示阻尼强弱的阻尼系数。即得到有黏性阻尼的振子自由振动方程

$$m\ddot{x} + c\dot{x} + Kx = 0 \qquad (3.4)$$

各项除以 m,化成和式(2.6)类似的标准形式

$$\ddot{x} + 2n\dot{x} + k^2 x = 0 \qquad (3.5)$$

根据线性常微分方程理论,对于 n 小于 k 或大于 k 的两种情形,方程(3.4)有完全不同形式的解。

$n < k$ 的阻尼称为弱阻尼,方程的通解是

$$x = a\mathrm{e}^{-nt}\sin(k_d t + \delta) \qquad (3.6)$$

与无阻尼情形的式(2.2)比较,振幅 a 被 $a\mathrm{e}^{-nt}$ 代替而不再保持常值,变为随时间按指数函数规律不断减小,最终趋近于零。此外,正弦函数的存在表示振动仍具有往复性,只是角频率由 k 变成 $k_d = \sqrt{k^2 - n^2}$,振动的周期 T_d 也要改成

$$T_{\mathrm{d}} = \frac{2\pi}{k_{\mathrm{d}}} = \frac{2\pi}{\sqrt{k^2 - n^2}} \qquad (3.7)$$

修改后的周期 T_{d} 随着阻尼系数的增大而减小。不过阻尼对周期的影响比对振幅的影响要小得多，即使阻尼的强度能使每次振动的振幅都比前一次减小一半，它对周期的影响也只有 1% 左右。

当 n 向 k 趋近时，周期 T_{d} 趋近无限大，振子的运动就渐渐失去周期性。于是 $n = k$ 就成为使往复运动转变为单方向运动的临界情形。$n > k$ 的阻尼称为强阻尼，强阻尼的自由振动过程是单方向的衰减运动。图 3.7a 和图 3.7b 分别表示弱阻尼和强阻尼两种不同情形的自由振动过程。但无论是弱阻尼或强阻尼，振幅都是向零趋近，衰减振动最终都是趋于静止。

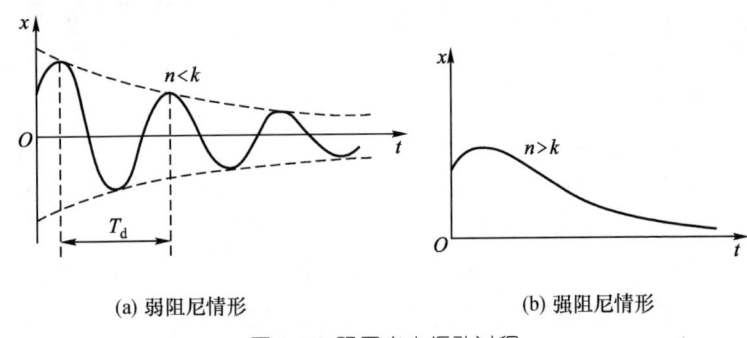

(a) 弱阻尼情形　　　　　　(b) 强阻尼情形

图 3.7　阻尼自由振动过程

将带黏性阻尼振子的自由振动方程(3.4)的每一项与速度 $v = \dot{x}$ 相乘，利用式(2.14)计算总机械能 E 对时间 t 的变化率，得到

$$\frac{\mathrm{d}E}{\mathrm{d}t} = -c\dot{x}^2 < 0 \qquad (3.8)$$

这就证明，系统的总机械能 E 随时间不断减小。因为无论干摩擦阻尼或黏性阻尼，阻尼力总是与运动方向相反。因此阻尼力在振动过程中总是对振动系统做负功。

设想一下，如果式(3.8)中的阻尼系数是负值，即 $c = -|c|$，不等式就变成

第 3 章 阻尼振动

$$\frac{\mathrm{d}E}{\mathrm{d}t} = |c|\dot{x}^2 > 0 \tag{3.9}$$

系统的总机械能 E 对时间 t 的变化率变成正值，也就是随时间不断增大。这种系数为负值的"阻尼"称为**负阻尼**。负阻尼已不符合通常意义下理解的阻尼概念，而变成促使系统的能量增大的相反概念。在日常接触的事物中，似乎难以举出直观的负阻尼例子。在第 7 章中将要说明，负阻尼确实客观存在，它的存在是系统产生自激振动的必要条件。

将式(3.3)表示的阻尼力 F_d 与速度 v 之间的线性关系表示在图 3.8 中。其中图 3.8a 中斜率为负值的直线是正阻尼，即实际的黏性阻尼，图 3.8b 中斜率为正值的直线是负阻尼。因此根据函数曲线斜率的正负号就能判断阻尼的性质。

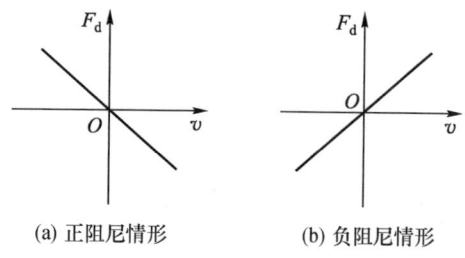

(a) 正阻尼情形　　　　(b) 负阻尼情形

图 3.8　阻尼力 F_d 与相对速度 v 的函数曲线

3.4　等效黏性阻尼

前面已说明，实际存在的阻尼因素是各种各样的。其中只有黏性阻尼和滑动速度之间有简单的线性关系，所产生的衰减自由振动分析起来最容易。而其他阻尼因素的规律就复杂得多。为了简化对它们的分析，可以近似地用等效的黏性阻尼来代替其他类型的阻尼。所谓等效，就是指实际的阻尼力在振动过程中所做的负功和等效黏性阻尼所做的负功相等。

先计算黏性阻尼在一个周期 T 内耗散的能量 ΔE。利用无阻

尼情形的简谐振动规律(2.2)和周期(2.4)作为初步近似。可以算出

$$\Delta E = -\int_0^T c\dot{x}\mathrm{d}x = -\int_0^T c\dot{x}^2\mathrm{d}t = -\pi cka^2 \qquad (3.10)$$

再以干摩擦为例。根据库仑定律(3.2)确定干摩擦力 F_d，也利用无阻尼情形的振动周期 T。在运动方向不变的四分之一周期内，总的位移等于振幅 a。由于干摩擦力的大小不变，而且都与运动方向相逆，所做的负功应该等于摩擦力与振幅 a 的乘积。将结果乘以4倍，就得到每个周期内耗散的能量

$$\Delta E = -4\mu F_N a \qquad (3.11)$$

令式(3.11)和(3.10)相等，就得到干摩擦的等效黏性系数

$$c = \frac{4\mu F_N}{\pi k a} \qquad (3.12)$$

利用等效黏性阻尼系数，干摩擦作用下的振动规律就能用上述黏性阻尼作用下的自由振动规律做近似的估算。

3.5 弹性材料的内阻尼

根据以上分析，物体在气体或液体介质中的振动会受到介质的阻尼作用使振动衰减。但在绝对真空的太空中，物体的振动也同样会衰减。这是由于弹性材料的内部存在内阻尼因素。任何实际的材料都不可能是完全弹性的，在变形过程中材料内部的晶粒之间会产生摩擦，消耗掉一部分能量。如果对材料做拉力实验，将单位截面积的拉力称为应力，材料试件的变形与原长之比称为应变。将应变作为横坐标，应力作为纵坐标，可以画出应力-应变曲线。先从零开始增加拉力，应变随之增加。加到一定程度以后，减小拉力，则应变也减小，但并非沿原来的路径减小。也就是说，加载过程和卸载过程沿着不同的应力-应变曲线而形成一个滞环(图3.9)。加载时外界对材料试件做正功，卸载时做负功。而卸载的负功小于加载的正功，产生的差值就是被内阻尼消

第 3 章 阻尼振动

耗掉的能量,这个丢失的能量可以根据应力-应变曲线的滞环所包围的面积估算。进一步的实验还表明,在振动过程中内摩擦消耗的能量随振幅 a 的增加而增长,与振幅的平方成正比

$$\Delta E = -\nu a^2 \qquad (3.13)$$

比例系数 ν 取决于不同的材料,将上式和式(3.10)互等,就得到等效黏性系数

$$c = \frac{\nu}{\pi k} \qquad (3.14)$$

于是考虑材料内摩擦时的振动规律也可以利用等效黏性阻尼做近似的计算。

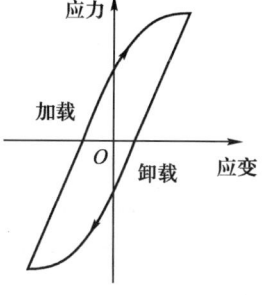

图 3.9 带滞环的应力-应变曲线

1958 年美国发射的第一颗人造卫星探险者一号(Explorer-1)是一个带有 4 根弹性天线的细长体(图 3.10)。弹性天线的内阻尼引起的衰减振动使卫星的能量趋于减小,而卫星在保持动量矩不变的条件下,绕横轴旋转的动能比绕细长轴旋转的动能要小。因此在内阻尼的影响下,卫星的旋转轴就逐渐改变位置,从原来绕细长轴的旋转向绕横轴的旋转转化。其后果就是卫星在轨道坐标系内逐渐翻转 90°,最终导致发射失败,成为空间技术发展史中著名的失败案例。

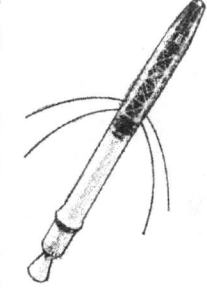

图 3.10 探险者一号卫星

3.6 有干摩擦的自由振动

3.4 节中利用等效黏性阻尼讨论干摩擦问题只是一种近似方法。对于有干摩擦的自由振动,还可采用更准确的分析方法。在振子的自由振动方程(2.5)中增加由库仑定律(3.2)描述的摩擦力 F_d,各项与质量 m 相除,令 $B = \mu F_N / K$,$v = \dot{x}$,得到

$$\ddot{x} + k^2(x + B\mathrm{sgn}\dot{x}) = 0 \qquad (3.15)$$

这个非线性微分方程不存在解析积分，但可以利用 2.5 节叙述的相平面方法对振动规律做定性的分析。具体方法可参见附录。

可以设想，在速度方向保持不变，即 $\dot{x}$ 的符号保持不变的每半个周期内，干摩擦的方向也始终与速度方向相逆。摩擦力对振子总是做负功，系统的能量就不断耗散。速度每改变一次方向，振幅就要减小一次。当振幅减小到接近零时，只要弹簧的位移小于 $B = \mu_s F_N / K$，所产生的恢复力就要小于最大静摩擦力。弹簧反力就和摩擦力互相平衡，振子停止运动。这个幅度为 B 的区域 $(-B, B)$ 就成为振子运动的死区，相点在死区的终止位置完全是随遇的。润滑不好的测量仪表，指针归零时常回不到原来的零点位置，就是干摩擦影响的结果。黏性阻尼不存在死区，因此在仪表中加入润滑油，使干摩擦转化为黏性摩擦，零点不准现象也就消除了。

3.7 振动传送

干摩擦并不只是造成振动衰减的阻尼因素，有时它还可能成为推动物体前进的动力。在图 3.11 中，一颗扁豆形颗粒横卧在水平的传送带上。传送带沿与水平面倾斜 θ 角方向做简谐振动，在颗粒上产生简谐变化的惯性力 F。将 F 力沿垂直和水平方向分解为 F_1 和 F_2，向前的 F_2 伴随向上的 F_1，向后的 F_2 伴随向下的 F_1。向上的惯性力 F_1 抵消了颗粒的一部分重力，使颗粒对传送带的正压力减小。相反，向下的惯性力 F_1 叠加在颗粒的重力上，增大了颗粒对传送带的正压力。根据库仑定律(3.1)，传送带向前和向后推动颗粒时由于正压力不同，最大静摩擦力 $F_{\max}$ 也不同。向前推进时 $F_{\max}$ 减小，向后倒退时 $F_{\max}$ 增大。适当调整传送带的振动角度 θ，可使向前推进的惯性力 F_2 超过减小的 $F_{\max}$，颗粒得以相对传送带向前滑动。向后的惯性力 F_2 小于增大的 $F_{\max}$ 而保持相对静止。于是颗粒便能在传送带的驱动下一步一步地持续地向前移动。

这种依靠干摩擦的颗粒传送方法也适用于倾斜的传送带，原

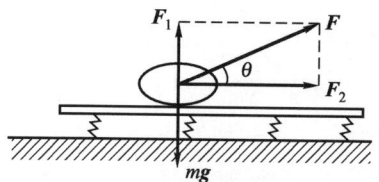

图 3.11　水平传送带上的颗粒

理完全相同。只要使振动方向的倾角 θ 大于传送带的倾角 ψ 就行（图 3.12）。当倾斜传送带上的无数颗粒变得像有生命的活物一样，以相同的步伐和速度整齐地向上爬坡时，那景象颇为壮观。

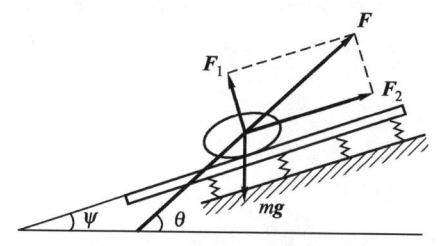

图 3.12　倾斜传送带上的颗粒

这种利用干摩擦的颗粒传送技术已成为食品、建材、化工等工业部门的有效传送方法。可以向上爬不太大的斜坡，可以同时完成不同大小颗粒的筛分。还可利用不同颗粒与传送带之间静摩擦因数的差别，将混杂的颗粒成分，例如果仁和果皮予以分离（图 3.13）。

图 3.13　振动给料机

3.8 干摩擦的杰作

在有些场合，干摩擦还能制造出更意想不到的力学奇观。例如上世纪 50 年代风行一时的称为翻身陀螺(tip top)的小玩具，甚至吸引了两位物理学大师玻尔(Bohr,N.)和泡利(Pauli,W.)的注意力(图 3.14)。这个小玩具是一个带短柄的半球形陀螺，短柄的端部也是半球面，但半径要小得多。陀螺的静止状态是短柄朝上，大球面与地面接触，重心在球心的下方而保持稳定的平衡(图 3.15)。当用手捻动陀螺使它绕垂直轴旋转起来时，陀螺会突然跃起翻身，向上的短柄突变为向下与地面接触继续旋转。如何解释这种重心自动上升的异常现象，在物理学界曾引起不少争论。

图 3.14　玻尔和泡利观察翻身陀螺　　　图 3.15　翻身陀螺

从能量观点分析，重心上升必导致势能增大。没有能量补充，动能必减小，转速和动量矩也随之减小。动量矩减小是摩擦力矩作用的结果。因此翻身现象的根源必来自地面的摩擦力。更精确的分析表明，考虑干摩擦的影响，大球面与地面接触时，陀螺只是在较小的速度范围内是稳定的。当转速超过一个临界值时就变得不稳定，而短柄接触地面的旋转反而成为稳定的状态。将陀螺放在充分润滑的地面上，翻身现象就不会出现。干摩擦的决定性作用就能从实验得到证实。

第3章 阻尼振动

干摩擦的另一个杰作是所谓"凯尔特石"（Celtic stone）现象。所谓凯尔特石是一个木制或塑料制的接近半椭球的船形物体，在刚体上增加金属附件，使附件的轴线朝一侧偏斜，与底部椭球面的主轴形成一个角度（图3.16）。将这个船形物体放在桌面上推动一下，使它绕垂直轴旋转，就会发现，刚体只能朝一个方向正常旋转。如果朝另一个方向旋转，刚体会不断左右摇摆，且愈转愈慢直至停止，然后向后倒退改为朝相反方向旋转。这种能自动倒退的现象使凯尔特石还拥有"抖退石"（Rattleback）的另一个形象化名称。

图3.16 凯尔特石

驱使刚体向后倒退的动力就是桌面对刚体的干摩擦。由于刚体的质量分布不对称，使得刚体朝不同方向旋转时，左右摇摆有不同的稳定性。朝一个方向旋转时，摇摆运动稳定而趋于衰减。而朝另一个方向旋转时，会出现愈来愈激烈的摆动。在摆动过程中，刚体底部相对桌面滑动引起的干摩擦力形成与转动方向相反的绕垂直轴的力矩，使旋转减速乃至向后倒退。这种奇异的力学现象发现于19世纪的欧洲。由于干摩擦力矩的隐蔽性，乍一看来，刚体的倒退现象似乎与牛顿力学相悖。因此对凯尔特石的解释也曾是物理学界的一个有争议的理论课题。

附录：阻尼自由振动的相轨迹

先讨论黏性阻尼情形。将方程(3.6)化作与(2.18)类似的微分方程组

$$\dot{y} = -k^2 x - 2ny \qquad (3.16a)$$
$$\dot{x} = y \qquad (3.16b)$$

将两个方程的左右两边相除，消去时间微分后化作式(2.19)形

式的一阶微分方程

$$\frac{dy}{dx} = -\frac{k^2 x}{y} - 2n \qquad (3.17)$$

与无阻尼振子的方程(2.19)比较，二者的差别在于相平面上同一点处的相轨迹斜率要减去一项 $2n$。对图 3.17 中的椭圆相轨迹做些修正，可以估计，相轨迹上各点的斜率减去 $2n$ 后，相轨迹将会不断从幅度较大的椭圆进入幅度更小的椭圆，以这种方式不断向奇点趋近，表现出振子自由振动的衰减性质。对于 $n < k$ 的弱阻尼情形，相轨迹具有往复性而形成朝奇点趋近的螺旋线，所对应的运动就是衰减振动，对应的奇点称为"焦点"。对于 $n > k$ 的强阻尼情形，相轨迹来不及振荡就直接通往奇点，对应的运动是单方向的衰减运动，对应的奇点称为"结点"。

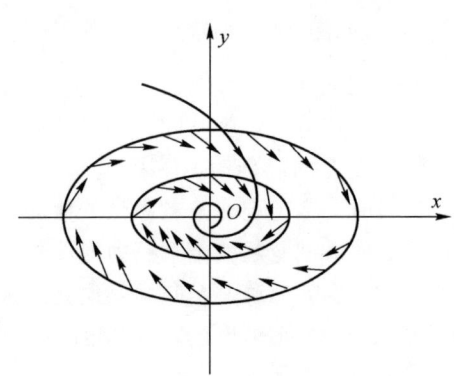

图 3.17　黏性阻尼振子的相轨迹

再讨论干摩擦情形。将方程(3.16)改为

$$\dot{y} = -k^2(x + B\,\mathrm{sgn}\,y) \qquad (3.18a)$$

$$\dot{x} = y \qquad (3.18b)$$

消去时间 t 的微分，引入新变量 $x_1 = x \pm B$，其中的正号或负号由速度 y 的正负号确定。为便于分析，将参数 k 取作 1，化作

$$\frac{dy}{dx_1} = -\frac{x_1}{y} \qquad (3.19)$$

以 $x(0)=x_0$，$y(0)=0$ 为初始条件，分离变量积分，得到 (x,y) 平面内以 $x=\pm B$ 为圆心的圆轨迹

$$y^2+(x\pm B)^2=(x_0\pm B)^2 \quad (3.20)$$

对于 y 的正值或负值，这个圆轨迹在 (x,y) 的上下平面各有不同的坐标原点。在 $y>0$ 的上半相平面内，相轨迹是以 $(-B,0)$ 为圆心的圆。在 $y<0$ 的下半相平面内，相轨迹是以 $(B,0)$ 为圆心的圆。相轨迹是由半径逐次减小 $2B$ 的圆弧组成的螺旋线，如图 3.18 所示。忽略静、动摩擦因数的差异，当相点到达 x 轴上的 $(-B,B)$ 区间时，由于速度为零，且弹簧恢复力小于最大静摩擦力而停止运动。因此区间 $(-B,B)$ 内的每个点都是奇点而构成干摩擦的死区。

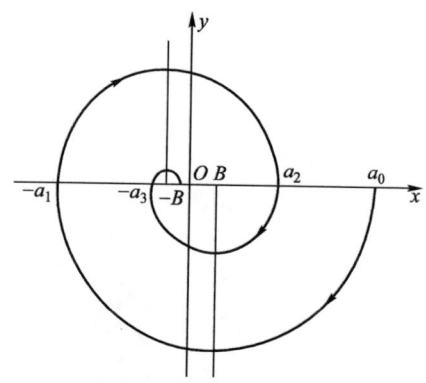

图 3.18 库仑摩擦力作用下的自由振动相轨迹

第4章 摆的故事

4.1 教堂里的发现

关于摆的故事要先从欧洲文艺复兴时期的伟人伽利略(图4.1)说起。伽利略1564年生于比萨，1575年迁居佛罗伦萨，进修道院学习。1589年起被聘为比萨大学和威尼斯的帕多瓦大学的数学教授。1611年到罗马担任林嗣科学院的院士。一生中对力学、天文学和哲学做出了巨大贡献。1633年以"反对教皇，宣扬邪学"的罪名被罗马宗教裁判所判处终身监禁。1638年以后双目逐渐失明，1642年逝世。三百多年后的1979年，罗马教皇不得不公开宣布1633年对伽利略的审判是不公正的。

1598年的一天，伽利略在比萨大教堂里做弥撒。穹顶上悬挂的大吊灯刚被点燃蜡烛，产生了轻微的

图4.1 伽利略
(Galileo Galilei, 1564—1642)

晃动。这一司空见惯的现象却吸引了伽利略的注意。他用右手按住左手的脉搏，根据脉搏次数估计每次摆动的持续时间。由于空气阻力的影响，吊灯摆动的幅度慢慢减小趋于平静。按照常理推测，运动的路径愈短所用的时间也愈少，小幅摆动应该比大幅摆动的时间更缩短。但是实际情况并非如此，吊灯摆动幅度的变化并不影响摆动的持续时间。伽利略经过反复观测作出了结论："物体从直立圆环上任一点落到最低位置的时间相同"。也就是说，吊灯沿圆弧线往复运动所需的时间是不随摆动幅度改变的。伽利略发现的这个常人从未注意到的现象就是摆的等时性现象。

4.2 摆的实验

摆的等时性现象很容易从实验中得到证实。用细线吊一个小漏斗作为摆锤，漏斗里放一些细沙。将摆锤拉开一段距离后放手，使它来回摆动。细沙通过底部的小孔从漏斗流在下方的纸带上。拉动纸带朝与摆动平面垂直的方向运动，观察细沙在纸带上堆出的曲线（图4.2）。当纸带的运动保持匀速时，纸带上显示的曲线是一条正弦曲线，与第2章中振子实验得出的曲线完全相同。说明摆的自由振动也是简谐振动，摆角 φ 与式(2.2)有相同

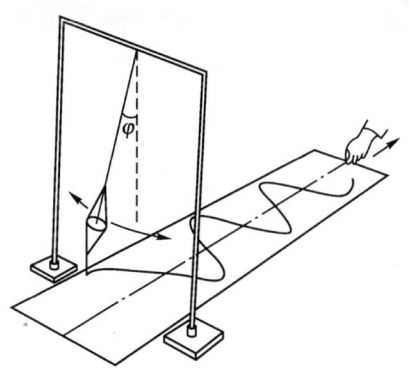

图4.2 记录摆锤的自由振动

的变化规律

$$\varphi = a\sin(kt+\delta) \tag{4.1}$$

量测摆锤在纸上画出的每次摆动的横坐标距离,就可以确定摆动的周期。改变摆锤的初始位移可以改变摆动的振幅。重复进行实验可以看出,不同振幅的正弦曲线有完全相同的周期。这就在实验中验证了伽利略的摆的等时性结论。在实验过程中还可以发现,虽然摆锤的质量随着细沙的漏出而不断减小,但对所画出的正弦曲线不产生影响。如果改变悬索的长度,摆动的周期就会随之改变。悬索愈长,周期也愈长。因此从实验还可得出结论:摆锤的摆动规律仅取决于悬索的长度,与摆锤的质量无关。利用两只相同的摆还可以演示同相(图4.3a)和反相(图4.3b)的自由摆动。

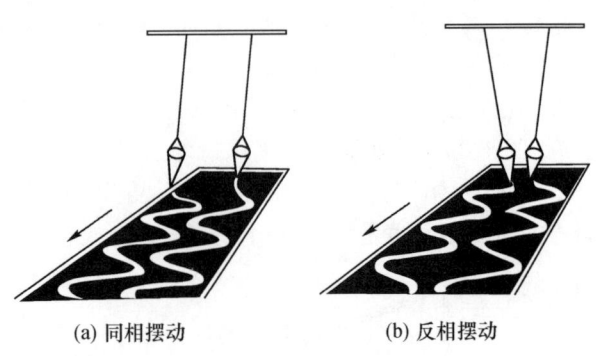

(a) 同相摆动   (b) 反相摆动

图4.3 同相和反相摆动

4.3 单摆和复摆

能产生摆动的机械装置统称为摆。伽利略观察的吊灯和上节带沙漏的实验装置都是摆,形状不同但运动规律相同。要从理论上解释伽利略的发现和上述实验现象,必须将实际生活中的摆做一些简化:

1. 将摆锤简化成质量集中于一点的质点;

第 4 章 摆的故事

2. 忽略悬挂摆锤的悬索质量;
3. 忽略悬挂点的摩擦和空气的阻尼作用。

简化后的摆就是单摆。因为是完全数学化的很难具体实现的摆,所以也称为数学摆(图 4.4)。

设单摆的质点为 P,质量为 m,悬挂点为 O,悬挂点至质点的悬线长度,即摆长为 l,悬线偏离垂直轴的角度为 φ。当悬线静止在垂直位置时,$\varphi=0$,作用在质点上的重力 $\boldsymbol{F}=m\boldsymbol{g}$ 沿悬线方向,与悬线的拉力平衡,单摆保持静止。悬线如偏离垂直轴,重力与悬线方向就不一致。将重力沿悬线方向和垂直悬线方向分解,沿悬线方向的分量 $\boldsymbol{F}_1$ 被悬线的拉力平衡,与悬线方向正交的分量 $\boldsymbol{F}_2$ 指向质点 P 的原来平衡位置。当悬线转到垂直轴的另一侧时,重力分量 $\boldsymbol{F}_2$ 的方向改变,但仍指向原来平衡位置(图 4.5)。这种驱使质点恢复原来平衡状态的重力就是单摆的恢复力。正是由于重力的存在,单摆的运动才具有往复性。

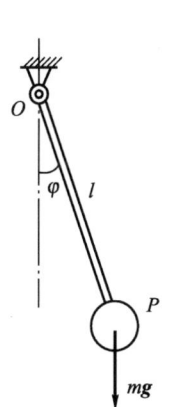

图 4.4 单摆

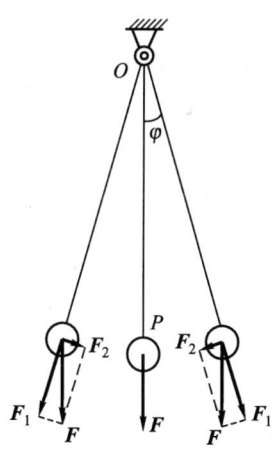

图 4.5 单摆的重力恢复作用

要建立单摆的动力学方程必须利用牛顿定律。单摆摆动时,质点 P 沿半径为 l 的圆弧做圆周运动。沿圆弧切向的作用力就是前面提到的重力分量 $mg\sin\varphi$，P 点的加速度等于悬线转动的角加速度与圆弧半径 l 的乘积，角加速度等于转角 φ 对时间 t 的二阶导数，用 $\ddot{\varphi}$ 表示。代入牛顿第二定律时，由于角加速度与重力分量的方向相反，必须增加一个负号。令 $mg\sin\varphi$ 与 $-ml\ddot{\varphi}$ 相等，消去两边的 m，就得到单摆的动力学方程：

$$ml^2\ddot{\varphi} + mgl\sin\varphi = 0 \quad (4.2)$$

各项除以 ml^2，引入参数 k

$$k = \sqrt{\frac{g}{l}} \quad (4.3)$$

方程(4.2)改写为

$$\ddot{\varphi} + k^2\sin\varphi = 0 \quad (4.4)$$

将上式中的正弦函数展成 φ 的泰勒级数：

$$\sin\varphi = \varphi\left(1 - \frac{\varphi^2}{6}\right) + \cdots \quad (4.5)$$

与第2章中的式(2.15)比较，单摆的恢复力相当于 $\varepsilon < 0$ 情形的软弹簧的恢复力。

当单摆的摆动幅度很小，允许忽略 φ 的3次以上小量时，就得到和振子自由振动(2.6)完全相同的微分方程

$$\ddot{\varphi} + k^2\varphi = 0 \quad (4.6)$$

它的通解就是式(4.1)表示的正弦函数，参数 k 就是自由振动的角频率。将式(4.3)代入周期公式(2.4)计算单摆的自由振动周期，得到

$$T = 2\pi\sqrt{\frac{l}{g}} \quad (4.7)$$

因为单摆的重力和惯性力都和质量成比例，约去方程(4.2)中的质量 m，角频率和周期仅取决于摆的长度，和质量无关。这就解释了上节叙述的单摆实验现象。

更接近真实情况的摆必须考虑摆轴的质量，将摆锤和摆轴都视为刚体，称为复摆或**物理摆**(图4.6)。复摆的悬挂点 O 是一个

圆柱铰，可绕 Oz 轴做平面摆动。设摆相对 Oz 轴的转动惯量为 J，摆的质量为 m，重心 O_c 与 O 点的距离为 l，O 与 O_c 的连线构成摆轴，摆轴偏离铅垂线的角度为 φ，利用刚体对 Oz 轴的动量矩定理，在小偏角情况下列出

$$J\ddot{\varphi} + mgl\varphi = 0 \qquad (4.8)$$

将方程各项除以 J，即化作与方程 (4.6) 完全相同，只是参数 k 的定义改成

$$k = \sqrt{\frac{mgl}{J}} \qquad (4.9)$$

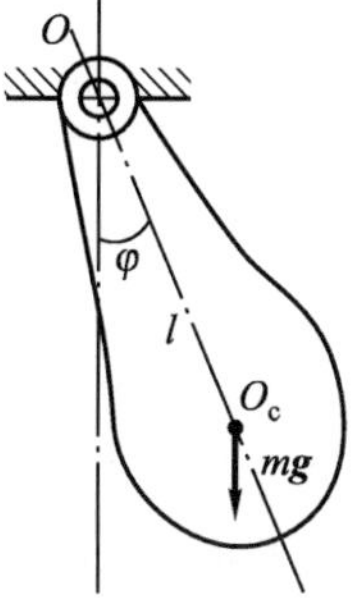

图 4.6 复摆

复摆的自由振动周期也相应地改成

$$T = 2\pi\sqrt{\frac{J}{mgl}} \qquad (4.10)$$

可见复摆和单摆有完全相同的数学模型。只是复摆的自由振动角频率取决于质量和转动惯量，与复摆的质量分布状况有关。

无论单摆或者复摆，角频率和周期都和通常称为重力加速度的常数 g 有关。实际上 g 是单位质量的物体受地球万有引力和地球自转引起的离心惯性力作用的合力。地球并非均质球体，地球表面的不同位置与地心的距离和与自转轴的距离都不同，因此 g 的数值也不同。例如在赤道地区，$g = 9.78 \text{ m/s}^2$，而在地球的两极，$g = 9.83 \text{ m/s}^2$。如果考虑地球深层物质分布的不均匀性，以及局部地形高低起伏的影响，重力的大小和方向的变化更是因地而异。利用岩体的万有引力引起摆平衡位置偏转的现象，可将单摆或复摆作为探测地球内部构造和重力异常地区的有效工具 (图 4.7)。

1656 年，荷兰物理学家惠更斯发现，伽利略的单摆等时性并不准确，它仅适合于小角度摆动情形。当摆动角度增大到一定程度时，等时性就不再存在。这时单摆的周期不再保持常值，而是随振幅的变化而改变。从上节的分析了解到，单摆的等时性结论来自于简谐振动。简谐振动是线性化的方程 (4.6) 的解，而方

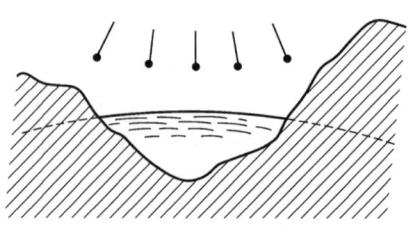

图4.7 地形变化对摆平衡位置的影响

程(4.6)是仅适合于小偏角情形的近似方程。当单摆的偏角过大,精确方程(4.4)中 φ 的3次以上的非线性项不允许忽略时,等时性也就失去意义了

4.4 天平和杆秤

天平(图4.8)是一个特殊的复摆。特殊性在于:天平的横梁不是在垂直轴附近,而是在水平轴附近摆动。天平早在我国春秋时代就已开始使用,是非常古老的衡器。天平以横梁的水平状态表示两边的重量相等。包括我国在内,许多国家都将天平作为法律面前公正平等的形象化标志。通常情况下,天平两边力臂的长度相同。如果将称物一侧的力臂缩短,砝码用固定重量的秤砣代

图4.8 天平

替，且位置可自由移动以调整力臂的长度。这种不等臂的天平就演变成为我国普遍使用的另一种古老的衡器，即杆秤(图4.9)。

图4.9 古人用杆秤测力

天平由横梁和挂在两端的托盘组成。横梁的质量如集中到两端，加上承载砝码和被称物体的托盘质量，可将天平简化成无质量直杆两端 A 和 B 处的两个质点，成为对称横放的两个单摆。当支点 O_0 和横梁中点 O 重合时，如两边质量相等，天平就处于随遇平衡状态，在任意位置上都能平衡。将支点 O_0 移到 O 点的上方，使天平的重心低于支点，重力才能起恢复力作用。对于倾斜的横梁，设 O_0 与 O 的距离为 a，横梁相对水平轴的倾角为 θ，左右两端对支点 O_0 的力臂 l_1 和 l_2 就随 θ 而改变(图4.10)。

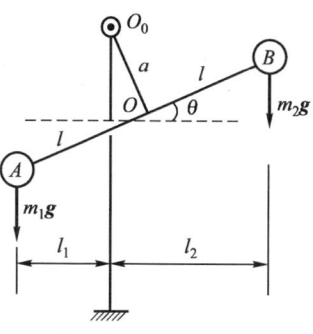

图4.10 天平的简化模型

分别为

$$l_1 = l\cos\theta - a\sin\theta, \quad l_2 = l\cos\theta + a\sin\theta \qquad (4.11)$$

如 A 和 B 质点的质量为 m_1 和 m_2，两端的重力对支点 O_0 的力矩大小相等方向相反，即 $m_1 l_1 = m_2 l_2$，解出平衡状态下的横梁倾角 θ_0

$$\theta_0 = \arctan\left[\frac{(m_1 - m_2)l}{(m_1 + m_2)a}\right] \qquad (4.12)$$

从公式（4.12）可以看出，即使两边力矩不相等天平也能平衡，不过平衡位置是倾斜的。被称量物体与砝码的质量差别愈大，倾角 θ_0 就愈大。只有当两边重量完全相等时，即 $m_1 = m_2$ 时，θ_0 才等于零，天平才能处于水平位置。称量微小质量的物体时，参数 a 应选择得足够微小，才能保证足够的灵敏度。因此天平的灵敏度愈高，支点 O_0 与横梁中点 O 的距离就愈接近。

两端质量相等的天平受扰后就在水平位置附近摆动。仅保留倾角 θ 的一次项，令两端托盘的重力对 O_0 点的合力矩 $2mga\theta$ 与惯性力矩 $-2ml^2\ddot{\theta}$ 互等，得到与式（4.4）类似的复摆方程

$$\ddot{\theta} + \left(\frac{ga}{l^2}\right)\theta = 0 \qquad (4.13)$$

与式（4.6）对照，可直接得出天平的摆动周期

$$T = \frac{2\pi l}{\sqrt{ga}} \qquad (4.14)$$

天平的摆动周期仅取决于横梁长度 l 和与支点距离 a 等几何因素，与待称物体的质量无关。支点与横梁中点愈接近，天平的摆动周期就愈长。设横梁的长度为 30 cm，偏移距离 a 为 2 cm，算出的周期约为 2 秒钟。要消除这种摆动还必须增加阻尼装置，使天平的等幅摆动转化为衰减振动，天平才能最终稳定在水平位置上。

天平称重的原理也完全适用于杆秤。仔细观察杆秤可以发

现，悬挂待称物体的秤钩支点 A 稍低于提绳的支点 O。秤砣用线绳套在秤杆上沿秤杆移动，以秤杆的上缘 B 为支点。连接 A 和 B 的直线并不通过 O 点，而是向下偏离微小距离 a。由于秤杆向端部逐渐变细，物体愈重，秤砣离提绳愈远，偏离距离 a 就愈明显（图 4.11）。虽然这个毫米量级的微小距离 a 不大容易被注意到，却是保证杆秤正常工作必不可少的重要因素。

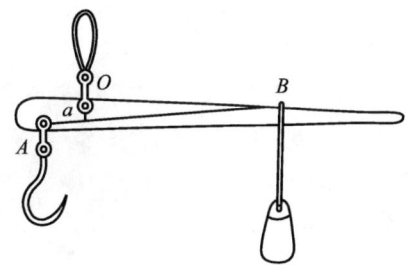

图 4.11　杆秤的简化模型

4.5　傅科摆

4.3 节中列写单摆的动力学方程（4.2）时，所依据的牛顿定律必须以惯性坐标系作为参考坐标系。由此导出的简谐规律的平面摆动（4.1）是对单摆在惯性空间中运动规律的描述。因此单摆的摆动平面在惯性空间内必维持方位不变。由于地球表面上除两极以外的任意点处的铅垂线和水平面都随地球的自转而改变方位，因此地球上的观测者应能观测到单摆的摆动平面相对地球的偏转。这就为证明地球存在自转运动提供了实验验证方案（图 4.12）。虽然哥白尼（Copernivus，

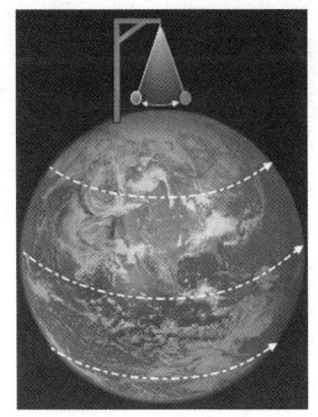

图 4.12　单摆的摆动平面相对地球的偏转

N.)在16世纪就已经提出了日心学说,但人们还无法通过自己的感官直接意识到地球的运动。用单摆证明地球自转,这个在科学史上有名的实验是由法国物理学家傅科(Foucault, J. B. L.)完成的。

傅科(图4.13)于1819年生于巴黎,毕生致力于用直观的实验现象证明地球自转,以傅科摆和傅科陀螺仪的创造者而闻名。1851年,傅科在巴黎先贤祠大厅的穹顶上悬挂了一条67 m长的绳索,绳索的下端连接一个28 kg的摆锤(图4.14)。如果地球有自转运动,摆动平面绕地球极轴每昼夜自转一周,自转角速度 ω_e 为每小时逆时针转动15度。巴黎的纬度 ϕ 是北纬48.52度,地球绕巴黎铅垂线的角速度

图4.13　傅科
(Foucault, J. B. L 1819—1868)

应等于 $\omega_e \sin\phi$,即大约11.24度每小时。傅科在摆锤的下方放了一个巨大的沙盘,摆锤摆动时,固定在摆锤上的指针就会在沙盘上留下痕迹。利用单摆的周期公式 $T = 2\pi\sqrt{l/g}$,将摆长 l 以67 m,重力加速度 g 以9.8 m/s² 代入后,算出的周期为16.4 s。在此时间间隔内,摆动平面应相对地球顺时针转过约3角分。实验果然验证了傅科的预言,引起了极大的轰动。

傅科摆现象还表明,对于站在地球上的观测者而言,似乎地球的转动使得摆动中的摆锤受到了横向力的推动。力的方向随摆动方向的变化而改变。这个无形的力称为科里奥利(Coriolis, G.)惯性力,它的存在也通过傅科摆实验得到了验证。傅科摆实验是人类认识自然漫长历程中的一个重要事件。世界各地的许多公共建筑、教堂和天文馆里都能看到傅科摆,如纽约的联合国大厅里

的傅科摆。北京天文馆和科技馆里也各有一个傅科摆。

图 4.14　傅科摆实验

4.6　舒勒周期

支点静止不动时，单摆的平衡位置总是沿铅垂线指向地球中心。因此单摆是最简单的指示铅垂线的仪器。瓦工砌墙就是用摆来作为垂直基准。可是当支点向前移动产生加速度 $\ddot{x}$ 时，单摆就会受到惯性力的干扰向后偏离铅垂线。偏转的角度和单摆的长度有关。摆的长度 l 愈长，偏转的角度愈小。考虑到地球表面是一个球面，当支点沿球面上的大圆弧向前移动时，指向地心 O_e 的铅垂线 Z 轴也随同偏转，且与单摆的偏转方向一致（图 4.15）。于是产生一个有趣的问题：如果增加单摆的长度，使单摆的偏转角度与铅垂线的偏转角度完全一致，单摆不就能永远指向地球中心不受支点运动的干扰吗。这

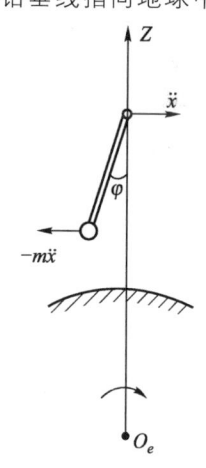

图 4.15　支点加速度引起的单摆偏转

样的单摆该有多长呢？

这个问题的实际意义在于：行进中的船舶、飞机和车辆常需要一个稳定的平台作为导航系统、火炮系统或各种测量系统的基准。虽然单摆是模拟铅垂线的简单工具，但由于易受干扰的致命弱点，实际使用的平台不可能采用单摆作为基准。因此在理论上探讨如何使单摆免受载体加速度的干扰，对于稳定平台的设计有参考意义。

1916年德国物理学家，哥廷根大学教授舒勒（Schuler, M.）从理论上证明：如果将单摆的摆长增加到与地球半径 R 相等，则无论载体的加速度有多大，单摆将始终与铅垂线方向保持一致。也就是说，摆长等于地球半径的单摆可以免除加速度的干扰。此时单摆的摆动周期 T 为

$$T = 2\pi\sqrt{\frac{R}{g}} \qquad (4.15)$$

将地球半径 $R = 6\ 371$ km 代入，算出长度等于地球半径的单摆周期为 84.4 分钟。这个特殊振动周期也称为舒勒周期。不过要在载体内建立一个与地球半径等长的单摆是绝对不可能实现的幻想，上述结论只具有纯理论意义。

既然用单摆不可能实现舒勒周期，能不能用复摆实现呢？设复摆的质量为 m，相对支点的惯性矩为 J，质心与悬挂点的距离为 l，将转动惯量 J 用惯性半径 ρ 表示为 $J = m\rho^2$，代入复摆的摆动周期，得到

$$T = 2\pi\sqrt{\frac{J}{mgl}} = \frac{2\pi\rho}{\sqrt{gl}} \qquad (4.16)$$

如惯性半径 ρ 为 10 cm，将 $T = 84.4$ 分钟代入后，算出 $l = 40$ nm。要精确控制如此微小的距离在技术上也极其困难。因此无论单摆或复摆，都不可能实现舒勒周期。

在摆锤上安装一个快速旋转的转子，旋转轴沿垂直轴，复摆就转变成为陀螺摆。图 4.16 表示陀螺摆的具体结构，转子支承在

万向支架上旋转,转子和壳体的重心沿 z 轴向下偏离支承中心,在重力矩作用下就能使旋转轴 z 指示垂直轴 Z。陀螺摆的周期比复摆的周期大得多。转速愈大周期愈长,可大到数千倍。因此在陀螺摆上有可能实现舒勒周期,形成不受干扰的铅垂线基准。

如果将陀螺转子的旋转轴 z 改成水平,转子和壳体的重心仍沿垂直轴下移,支架绕垂直轴能自由转动。于是在重力矩和地球自转引起的惯性力矩作用下,旋转轴 z 可以自动指向地球自转轴的方向,与子午面内的 Z 轴一致。这种陀螺仪称为陀螺罗经,是船舶导航必备的指北仪器(图 4.17)。陀螺罗经的周期通常也设计成舒勒周期。因为理论和实践都证明,舒勒周期的陀螺罗经可以减少由于船舶加速度引起的指示误差。在现代惯性导航系统中,舒勒周期也有重要的理论意义。

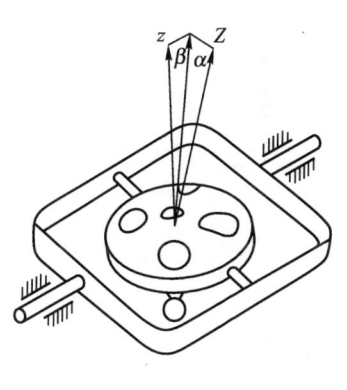

图 4.16　陀螺摆

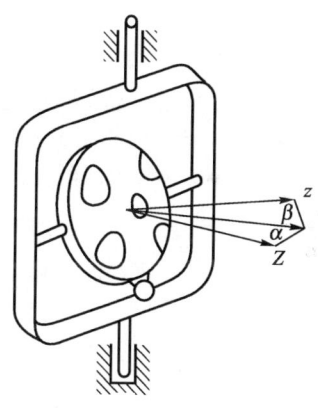

图 4.17　陀螺罗经

4.7　摇摆的船舶

海洋中的船舶相当一个大复摆,总是不停地摇晃。在图 4.18 中,O_c 为船的重心,O_1 为船的浮心。当船体向一侧倾斜 φ 角时,过浮心 O_1 的垂直轴 Z 与船体的对称轴 z 相交于 O 点,与

O_c 的垂直距离为 l。则重心 O_c 与 O 点之间的水平距离为 $l\varphi$。要保证船舶在水中的稳定性,重心 O_c 必须位于浮心 O_1 的下方,才能使重力 mg 和浮力 F 构成与倾斜方向相反的力偶 $mgl\varphi$,将船体推回原位。设船体相对质心 O_c 的转动惯量为 J,忽略海浪的作用力,列出的动力学方程与复摆的方程(4.8)完全相同,自由振动周期也和式(4.10)完全相同。

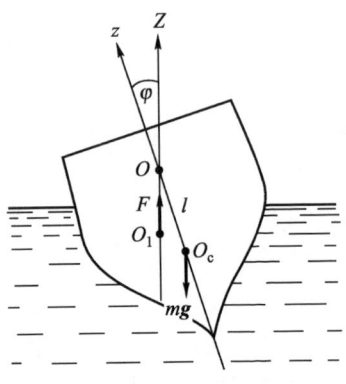

图 4.18 船舶的摆动

船舶在水中还可能发生上下浮沉振动(图 4.19)。船体下沉时,船体排开水的体积增大。根据阿基米德的浮力定理,浮力随之增大。设浮力的增量和下沉的位移 x 成正比,比例系数为 K,则动力学方程和振子的方程(2.5)也完全相同,自由振动周期也和式(2.7)完全相同。

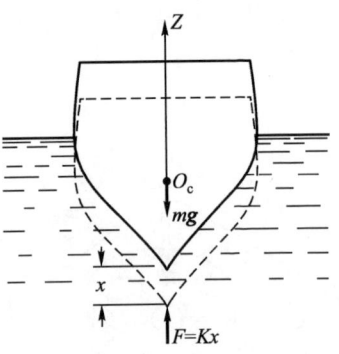

图 4.19 船舶的垂直振动

附录 1:单摆的周期和相轨迹

将单摆的角速度 $\dot{\varphi}$ 记作 y,可将方程(4.4)化成类似式(2.19)的方程

$$\frac{dy}{d\varphi} = -\frac{k^2 \sin \varphi}{y} \tag{4.17}$$

分离变量积分后,得到与式(2.14)类似的能量积分

$$\frac{1}{2}ml^2 [y^2 + 2k^2(1 - \cos\varphi)] = E \tag{4.18}$$

设摆到达最大偏角 a 时，角速度为零。利用 $\varphi = a$，$y = 0$ 的初始条件确定积分常数，得到

$$E = mgl(1 - \cos a) \tag{4.19}$$

代入式(4.18)，将角速度 y 仍写作 $\dot{\varphi}$，解出

$$\frac{d\varphi}{dt} = k\sqrt{2(\cos \varphi - \cos a)} \tag{4.20}$$

将上式从 0 到 a 对 φ 积分，得到的时间乘以 4 倍便是单摆的周期 T

$$T = \frac{4}{k}\int_0^a \frac{d\varphi}{\sqrt{2(\cos \varphi - \cos a)}} \tag{4.21}$$

可以看出，一般情况下周期 T 随振幅 a 改变。只有当摆角 φ 很小时，将积分式(4.21)中的 $\cos \varphi$ 和 $\cos a$ 近似用 $1 - (\varphi^2/2)$ 和 $1 - (a^2/2)$ 代替，才能得到常值的周期

$$T = \frac{4}{k}\int_0^a \frac{dx}{\sqrt{a^2 - x^2}} = \frac{2\pi}{k} \tag{4.22}$$

从而证明，伽利略的单摆等时性结论仅适合于小摆角情形。

式(4.18)在 (φ, y) 相平面中确定单摆运动的相轨迹曲线。单摆的恢复力 $F(\varphi) = mgl\sin \varphi$ 中，如仅保留 φ 的 3 次项，将式(4.5)代入后与式(2.15)对照，就相当于特殊的软弹簧。不同点在于：相平面上有无数个中心 $\varphi \pm 2n\pi$ 和鞍点 $\varphi \pm (2n+1)\pi$（$n = 0, 1, \cdots$）（图4.20）。由于角度 φ 的周期性，$\varphi \pm 2n\pi$ 代表空间中的同一个位置。因此可以只取包含在两根直线 $\varphi = \pi$ 和 $\varphi = -\pi$ 之间的带形域，使两条边线互相粘合卷成一个柱面(图4.21)。在这个相柱面上，

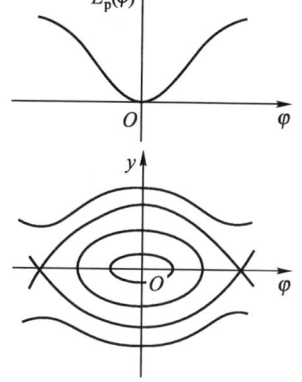

图 4.20 单摆的相轨迹

中心和鞍点各只有一个。过鞍点的分隔线分隔出两类拓扑性质不同的封闭曲线：一类可在柱面上缩为一点，另一类则不能。分别对应于两种性质不同的周期运动：前者表示单摆在平衡位置附近的摆动，后者表示单摆绕悬挂点 O 朝同一方向的旋转。

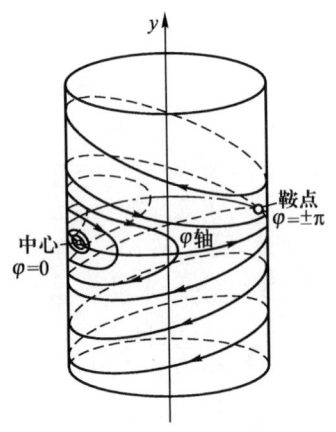

图 4.21　单摆在相柱面上的相轨迹

附录 2：舒勒周期摆

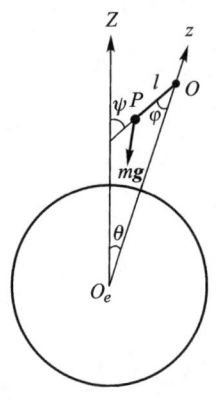

以地球中心 O_e 为原点建立坐标轴 O_eZ 作为在惯性空间中指向不变的参考坐标轴，再从地心 O_e 指向距离为 R 的载体 O 建立坐标轴 O_ez，即载体所在位置的铅垂线。设在载体的运动过程中，O_ez 偏离 O_eZ 的角度为 θ，悬挂在 O 点的单摆 OP 相对 O_ez 轴的相对转角和相对惯性坐标轴 O_eZ 的绝对转角分别为 φ 和 ψ（图 4.22）。各角度之间满足

$$\psi = \varphi + \theta \quad (4.23)$$

设单摆的质量为 m，长度为 l，当载体在惯性空间中保持静止时，单摆微幅摆动的动力

图 4.22　舒勒周期的理论证明

学方程为

$$\ddot{\varphi} + \left(\frac{g}{l}\right)\varphi = 0 \tag{4.24}$$

单摆的静止状态为 $\varphi = 0$，与铅垂线 $O_e z$ 方向一致。若载体做加速度运动，使 $O_e z$ 轴产生角加速度 $\ddot{\theta}$，则单摆的动力学方程内，除重力以外还应增加惯性力 $-mr\ddot{\theta}$ 对 O 点的矩，列出

$$\ddot{\psi} + \left(\frac{g}{l}\right)\varphi - \left(\frac{R}{l}\right)\ddot{\theta} = 0 \tag{4.25}$$

利用式(4.23)，化作

$$\ddot{\varphi} + \left(\frac{g}{l}\right)\varphi = \left(\frac{R-l}{l}\right)\ddot{\theta} \tag{4.26}$$

如果载体做等加速运动，$\ddot{\theta}$ 为常值，则单摆的静止状态为 $\varphi = (R-l)\ddot{\theta}/g$ 而偏离铅垂线。角加速度 $\ddot{\theta}$ 愈大，偏离愈严重。单摆的长度 l 愈长则单摆的偏离愈小。如果摆长 l 与 R 相等，方程(4.26)的右项就等于零，动力学方程仍保持为式(4.24)的形式。从而证明，摆长等于地球半径的单摆可以免除加速度的干扰，无论载体的加速度有多大，单摆的静止状态始终与铅垂线方向保持一致。此时单摆的摆动周期 T 就是舒勒周期

$$T = 2\pi\sqrt{\frac{R}{g}} = 84.4 \text{ 分钟} \tag{4.27}$$

第5章 摆钟的诞生

5.1 古人如何计时

多少世纪以来，时间的测量始终是人类面对的一个难题。要测量时间，首先要寻找一种不断重复而且每次持续时间都恒定不变的运动过程作为时间量度的基准。古人最先想到的是太阳在天幕上的运动。日出日落，周而复始，投射在地面的光影随太阳位置的变化而规则地移动。这种最古老和使用时间最长的计时方法在中国古代称为日晷。根据史料记载

"乃定东西，主晷仪，下刻漏"《汉书·律历志·制汉历》是我国关于日晷的最早文字资料。

日晷由铜制的晷针和石制的晷面组成。晷针垂直穿过晷面中心，晷面南高北低，与天赤道面平行，晷针上端指向北天极，下端指向南天极。在阳光照射下，晷针投向晷面的阴影由西向东缓慢移动。在晷面上刻画 12 个大格，每个大格代表一个时辰，也就是两个小时(图 5.1)。

日晷的致命缺点是只能在有日光时使用，于是出现了"漏刻计时"方法。这种方法是利用水或细沙在特定器物中流动速度大

第5章 摆钟的诞生

致恒定的现象作为时间的量度。据记载

图 5.1　古老的日晷

图 5.2　铜壶滴漏

"漏刻之作盖肇于轩辕之日，宣乎夏商之代。"《梁代·漏刻经》可见也是非常古老的方法。现藏于国家博物馆的实物是元延祐三年（1316年）制造的铜壶滴漏。漏刻计时利用水滴使水从最上方铜壶的小洞流出，依次注入下方铜壶，根据最下方受水壶的水面上的"浮箭"指示的水面高度作为时间的量度（图5.2）。为克服冬季水会结冰的困难，用细沙代替水就转变成"沙漏"。西方的沙漏大约出现于12世纪，由两个玻璃容器和一个狭窄的连接管道组成（图5.3）。上部容器内的沙子流尽后，将沙漏颠倒过来就能继续量测时间。这种沙漏独特的几何形状现已成为电脑屏幕上表示"等待"的通用符号。

图 5.3　沙漏

5.2 早期的机械钟

利用机械轮受相同冲击后的转动时间大致恒定的力学现象,作为时间量度的计时方法就是机械钟。中国是机械钟的发源地。东汉张衡制造的浑天仪就是利用水漏驱动机械轮旋转的最早的机械钟。宋朝苏颂制造的水运仪象台是更精密的机械钟。1086年苏颂奉命检验太史局使用的各种浑天仪时,与精通数学和天文学的韩公廉合作造出了水运仪象台(图5.4)。其中的计时部分也是以水为动力驱动机械轮。据苏颂本人的说明

"以水激轮,轮转而仪象皆动"　《苏颂·新仪象法要》

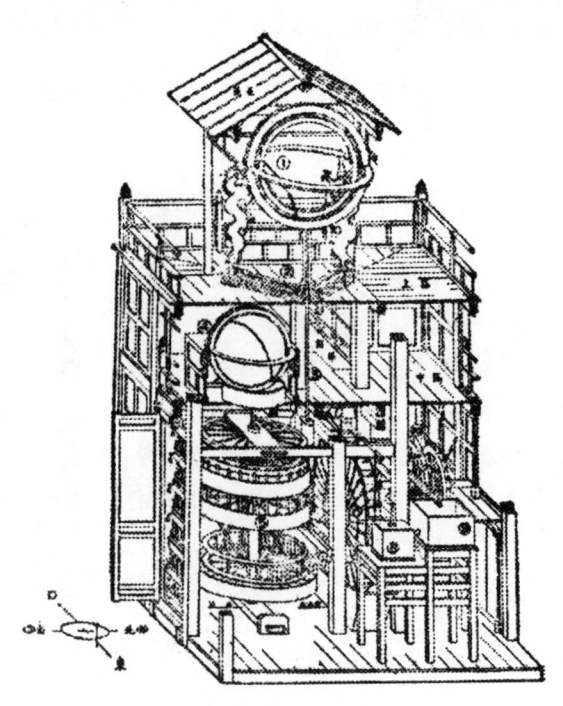

图 5.4　水运仪象台

第 5 章 摆钟的诞生

水从水壶流入被称为"枢轮"的水斗,枢轮是由 36 个水斗和钩状铁拨子组成的由水力推动的原动轮。它的运转通过几组齿轮受到一组称为"天衡"的杠杆装置的控制,使计时仪器和天文仪器分别按确定的速度转动。值得注意的是,这种天衡装置就是最早的擒纵机构。在机械钟的发展历程中,擒纵机构是最为关键的部件。而这种擒纵机构在 1285 年方在欧洲出现。对此李约瑟在《中国科学技术史》中,将水运仪象台称为"欧洲中世纪天文钟的直接祖先"。

欧洲早期的机械钟是利用绳索悬挂的重锤作为动力来源。重锤拉动转轮做持续的单方向转动,并通过齿轮啮合带动擒纵轮转动。轮上的凸齿与机轴上的擒纵片周期性相遇,交替地朝运动方向对机轴施加冲击,使机轴带动一个王冠形的飞轮往复摆动。作为惯性元件的飞轮每次摆动的持续时间大致恒定,起着时间调节器的作用(图 5.5)。用这种机构制造出来的钟楼于 1364 年先在

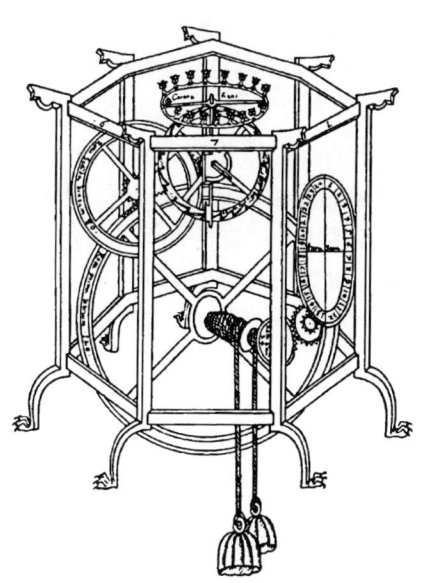

图 5.5　14 世纪欧洲的机械钟

意大利的教堂中出现，后来相继出现在英国和法国。1459 年法国的钟匠用发条代替重锤，为查理七世制作了第一个发条钟。这种早期的机械钟在欧洲使用了 200 多年。直到 1598 年伽利略发现了摆的等时性，人们才意识到重锤的摆动是比转轮的转动更为恒定的运动，也是更理想的时间量度基准。于是机械钟的发展才跨入摆钟的新阶段。

5.3 用摆计时的关键问题

虽然伽利略在发现摆的等时性现象时，就已萌发了用摆来改进计时技术，制造出更准确机械钟的思想。但是要使摆钟成为现实，还必须解决两个关键问题。

首先是无论在制造工艺上如何改进，总不可避免阻尼因素的存在，例如转轴中的轴承摩擦和摆动过程中的风阻。根据 3.3 节的分析，如没有能量补充，摆的自由振动将不断衰减直至静止。要使摆的运动持续不断，必须向摆补充能量。这个问题并不难解决，因为补充能量的擒纵机构已经使用了数百年之久。

第二个问题是摆的等时性并非完全准确，摆的幅度增大时，摆动周期就会受振幅的影响。1656 年荷兰物理学家惠更斯首先发现了这个问题，并提出了改进的建议。他设计了摆长随振幅改变的惠更斯摆，使等时性问题得到解决。

以下对这两个关键问题的解决方法作详细说明。

5.4 擒纵机构

根据 5.3 节的叙述，在 11 世纪的中国和 13 世纪的欧洲，就已出现了利用擒纵机构的机械钟。擒纵机构的作用是将重锤的势能间歇地转化为飞轮的动能而实现能量的补充。这种擒纵机构也是惠更斯摆钟的关键部件。擒纵机构是一种由擒纵轮和擒纵叉组成的机构。擒纵轮与重锤连接，擒纵叉与摆连接。重锤在确定位置处通过擒纵轮对擒纵叉产生冲击。擒纵机构的巧妙之处在于，无论摆朝哪个方向运动，冲击方向总是与运动方向一致。重锤就能以不断对摆做正功的方式，将蕴藏的能量传递给摆(图 5.6)。

重锤蕴藏的能量是恒定不变的。而摆一旦开始摆动，就能通过擒纵机构的冲击间歇地将能量传递给摆。擒纵机构相当于一个能量分配的控制器，它周期性地从恒定的能源取出能量提供给摆，以克服摆轴内的摩擦所引起的能量耗散。当输入的能量与耗散的能量相等时，就能实现不衰减的周期摆动。这种特殊的振动形式称为自激振动，关于自激振动的普遍规律将在第 7 章中叙述。

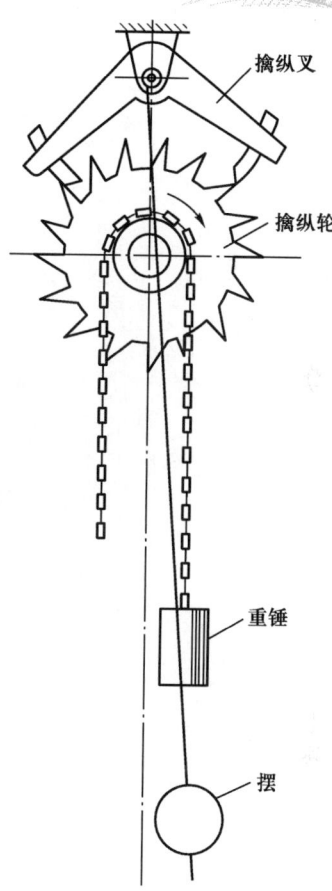

图 5.6　擒纵机构

5.5　惠更斯钟

关于摆的等时性问题，除伽利略以外，17 世纪荷兰的物理学家、天文学家和数学家惠更斯(图 5.7)是另一位做出重大贡献的人物。惠更斯于 1629 年出生于荷兰海牙。13 岁时曾自制一台车床，表现出超强的动手能力。1645 至 1647 年在莱顿大学学习法律与数学，1647 至 1649 年转入布雷达学院。他在力学、光学、天文学和数学等学科都有重大贡献。

图5.7 惠更斯(Christian Huygens，1629—1695)

1656年，惠更斯发现伽利略的摆的等时性仅适合于小角度摆动情形。当摆动角度增大到一定程度时，单摆的周期就不再是常值，而是随振幅的变化而改变。第4章的附录对此已作了详细的论证。根据理论分析，要使单摆在大角度偏转时也具有等时性，摆长 l 就不能是常值。随着 x 的增长，$\sin x$ 小于 x 的偏离愈来愈明显。单摆的恢复力取决于 $\sin x$ 和摆长 l，如果摆长不是常值，而是随着 x 的增长而减小，则有可能使 $\sin x$ 偏离 x 的因素互相抵消。按照这个思路，惠更斯设计出了变摆长的等时性单摆，即所谓惠更斯摆。

惠更斯摆与普通单摆不受约束的自由摆动不同，在单摆的两侧增加了按特殊曲线设计的约束器。随着摆动角的变化，柔软的悬索在不同部位与约束器的边缘接触而改变悬索的自由长度。摆角愈大悬索的自由长度就愈小。在图5.8中，利用以摆的支点 O 为原点的直角坐标系(Oxy)，列出以 θ 为参变量的约束器边缘的

第 5 章 摆钟的诞生

曲线方程

$$x = R(\theta - \sin\theta)$$
$$y = R(\cos\theta - 1)$$
(5.1)

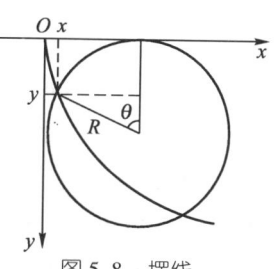

这个方程在图 5.8 中所表示的边缘曲线，就是半径为 R 的圆沿 x 轴滚动时，圆上与 O 点重合的点所画出的曲线，称为圆滚线。由于和惠更斯摆产生了联系，所以也称为摆线。惠更斯摆对于摆

图 5.8 摆线

的任何偏角均具有严格的等时性。有关的数学证明在附录中给出。

解决了上述关键问题，惠更斯于 1656 年做出最早的摆钟设计。第二年他指导了年轻的钟匠考默(Comer, S.)制造成功第一只真正的摆钟(图 5.9)。惠更斯钟的摆动周期约为 1 秒，振幅为

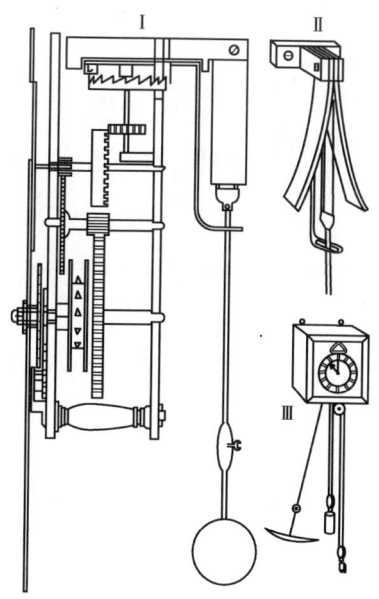

图 5.9 惠更斯设计的摆钟
(Ⅰ. 侧视图，Ⅱ. 惠更斯摆，Ⅲ. 正视图)

20°。走时误差每昼夜不到15秒。而在此之前的机械钟误差高达每昼夜15分钟，精度提高了60多倍。

5.6 惠更斯钟的同步现象

1665年惠更斯为远航船舶设计了航海用的计时钟。航海钟由固定在木制支架上完全相同的两只惠更斯钟组成（图5.10）。多余的一只钟作为备用，以便另一只钟出现故障时不至于影响计时。1669年惠更斯偶然发现，他的航海钟出现了异乎寻常的同步现象。表现为两只惠更斯摆的频率逐渐变得完全相同，且互为反相，即保持180°的相位差。如果人为将同步现象搞乱，不出半个小时这种同步现象又重新恢复。将两只钟的距离增大到一定程度，或将两只钟互相垂直安放，同步现象即消失。

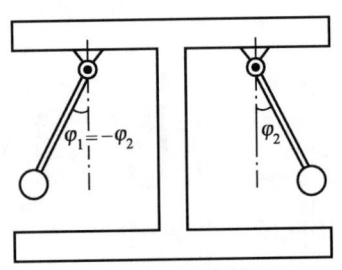

图5.10 惠更斯钟的反相同步现象

惠更斯对此百思不得其解。起先他怀疑是否空气流起了力的传递作用，后来他认为可能支承两只钟的木支架使两只钟的振动产生了耦合。但限于当时的数学发展水平，他未能从理论上作出严格的论证。数百年来，不少科学家作出努力企图破解惠更斯摆的谜团。1906年考特威格（Korteweg）考虑支架在钟摆影响下的运动，建立三自由度线性系统模型作了分析，初步证实同步现象来自钟摆与支架运动的耦合。1988

年布列克曼(Blekhman)的分析考虑了摆动过程中能量的输入和输出，因此更接近惠更斯摆的实际情况。他的分析证明，同步现象取决于支架质量与总体质量之比的参数 $\mu = m_0/(m_0 + 2m)$。其中 m_0 和 m 分别为支架和钟摆的质量。当 μ 大到一定程度时即出现惠更斯摆的反相同步。

关于惠更斯钟同步问题的理论研究至今尚在继续。同步现象和同步技术是非线性动力学研究的重要问题之一，在物理学、脑生理学、通讯技术、电子技术等许多科学领域里都具有实际意义。在计时技术方面，如何利用一个频率高度稳定的石英振子，使一个机械振子与它同步而构成石英钟就是同步技术的具体应用。

附录：惠更斯摆的等时性

设单摆的摆长为 l，偏转 φ 角时，一部分悬索被约束器阻挡，使摆的悬挂点从原来的 O 点沿边缘曲线移至 O_* 点处（图 5.11）。边缘曲线的形状由 O_* 点坐标 x_*，y_* 的摆线方程(5.1)确定，

$$x_* = R(\theta - \sin\theta)$$
$$y_* = R(\cos\theta - 1) \tag{5.2}$$

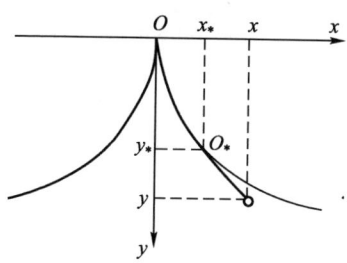

图 5.11　受摆线约束的惠更斯摆

利用上式计算悬索被阻挡部分的长度 l_*，得到

$$l_* = \int_0^{x_*} \sqrt{(\mathrm{d}x_*)^2 + (\mathrm{d}y_*)^2}$$
$$= \sqrt{2}R\int_0^{\theta} \sqrt{1-\cos\theta}\,\mathrm{d}\theta = 4R\left(1 - \sqrt{\frac{1+\cos\theta}{2}}\right) \quad (5.3)$$

设单摆的偏角为 φ，其斜率等于摆线在 O_* 点处的切线斜率

$$\tan\varphi = \frac{\mathrm{d}y_*}{\mathrm{d}x_*} = -\frac{\sin\theta}{1-\cos\theta} \quad (5.4)$$

利用式(5.3)，(5.4)，其中的参数 R 取作 $R = l/4$，导出单摆 P 点的坐标

$$\begin{aligned} x &= x_* + (l - l_*)\cos\varphi = R(\theta + \sin\theta) \\ y &= y_* + (l - l_*)\sin\varphi = -R(3 + \cos\theta) \end{aligned} \quad (5.5)$$

将上式对 t 求导，计算单摆 P 点的速度，得到

$$v = \sqrt{\dot{x}^2 + \dot{y}^2} = R\dot{\theta}\sqrt{2(1+\cos\theta)} \quad (5.6)$$

代入保守系统的机械能守恒定律

$$\frac{1}{2}mv^2 + mgy = \mathrm{const} \quad (5.7)$$

将式(5.5)，(5.6)代入后，约去常数项，设 θ_0 是与 $\dot{\theta} = 0$ 对应的位置，得到

$$R\dot{\theta}^2(1+\cos\theta) - g\cos\theta = -g\cos\theta_0 \quad (5.8)$$

解出

$$\dot{\theta} = \sqrt{\frac{g}{R}\left(\frac{\cos\theta - \cos\theta_0}{1-\cos\theta_0}\right)} \quad (5.9)$$

θ 在 $[0, \pi/2]$ 范围内必须小于 θ_0 方能保证 $\dot{\theta}$ 为实数，因此 θ_0 为单摆的最大摆角。将式(5.9)对 θ 从零到 θ_0 积分计算单摆的周期 T，得到

$$T = 4\int_0^{\theta_0} \frac{\mathrm{d}\theta}{\dot{\theta}} = 4\sqrt{\frac{R}{g}}\int_0^{\theta_0} \sqrt{\frac{1+\cos\theta}{\cos\theta - \cos\theta_0}}\,\mathrm{d}\theta \quad (5.10)$$

引入新的积分变量 σ

$$\sigma = \frac{\cos\theta - \cos\theta_0}{1 - \cos\theta_0} \tag{5.11}$$

将积分化作

$$T = 2\sqrt{\frac{R}{g}}\int_0^1 \frac{\mathrm{d}\sigma}{\sqrt{\sigma(1-\sigma)}} = 4\sqrt{\frac{R}{g}}\arcsin\sqrt{\sigma}\Big|_0^1 = 2\pi\sqrt{\frac{l}{g}} \tag{5.12}$$

从而证明，无论摆角有多大，惠更斯摆的周期均为常值。

第6章 受迫振动

6.1 周期性激励和响应

拿起听筒接电话，听筒里传出的声波经过耳道到达鼓膜。鼓膜受空气的往复推动而产生振动。听筒里金属膜片的振动也是在周期性电磁力的激励下产生的。这种由外界的往复或非往复推动下"被迫"发生的振动就是**受迫振动**。外界对振动系统的推动作用为**激励**，由激励产生的振动称为系统对激励的**响应**。在工程技术中，只要有转动机械或往复式机械存在，这种周期性激励就会出现。比如在飞机机舱里，总能感觉到发动机的轻微抖动和伴随的嗡嗡声。在汽车或火车里也有同样的感觉。

周期性激励也存在于自然界，例如月亮对地球的万有引力由于地球的自转而周期性改变，周期为一昼夜23小时56分4秒。这种周期变化的引力作用在环绕地球的大气和海洋上所产生的受迫振动就是人们所熟知的潮汐现象。类似的引潮现象也发生在遥远的木星。1610年伽利略发现的4颗木星卫星中，以希腊女祭司艾奥（Io）命名，后来又改称为木卫一的卫星是太阳系中除地球以外唯一存在活火山的星体（图6.1）。在远离太阳极度寒冷的环

第6章 受迫振动

境中，木卫一的内部竟然存在炽热的岩浆流动和剧烈的火山喷发，不能不认为是个奇迹。木卫一和木星的另外两颗卫星木卫二，木卫三绕木星的公转周期恰好满足 1∶2∶4 的比例关系。这 3 颗卫星和木星的相对位置以固定的模式周期性变化，对木卫一产生周期性的引潮力。使木卫一的岩体内部产生受迫振动，岩体周期性扭曲变形所伴随的内摩擦效应就成为岩浆的加热源。

图 6.1 木卫一星球

最简单的周期性激励是按正弦或余弦规律变化的简谐激励。实际发生的周期性激励往往要复杂得多，但一般情况下，周期性函数都可以分解成许多不同频率的正弦或余弦函数的叠加。所用的数学方法就是傅里叶分析。在线性振动范畴内，由于线性微分方程存在解的可叠加性，周期性激励分解成许多简谐激励以后，系统的响应就是每个简谐激励产生的受迫振动的简单叠加。

要了解周期性激励下受迫振动的规律，可先做一个简单的实验。手执一个软弹簧和重物组成的振子上下挥动，重物通过弹簧受到周期变化的激励力而产生受迫振动。改变挥动的频率，观察不同频率激励产生的受迫振动有什么不同（图 6.2）。起先让手保持静止，重物处于平衡，弹簧受重物拉伸产生静变形。然后手做缓慢的上下移动，缓缓上升再缓缓下降。可以看到重物也随着手的运动一同上升或一同下降的现象，弹簧的变形几

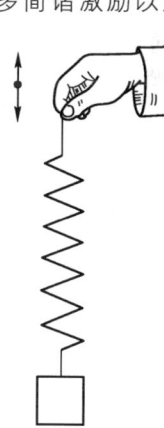

图 6.2 振子的受迫振动实验

乎不变。逐渐增加手的上下运动速度，重物的振动幅度逐渐增大。当激励的频率接近振子的固有频率时，振动变得极其强烈。即使手的运动幅度很小，也能激起振幅很大的振动。这种现象称为**共振**。当激励频率超过共振频率继续增大时，振动又逐渐减弱，而且重物的运动方向和手的运动方向相反。激励和响应从同相转变为反相。手上升时重物下降，手下降时重物上升。如果手以非常快的速度上下运动，振幅会减小到接近于零，看起来重物似乎停留在半空中静止不动。

也可利用单摆做类似的实验。手执单摆的一端左右挥动，使单摆的重力矩由于悬挂点的往复运动而周期变化。从慢到快改变手的挥动速度，单摆的摆动规律的变化和上述振子的情况相同。当激励的频率接近单摆的固有频率时，单摆做大幅度的激烈摆动而出现共振。激励频率离固有频率愈远，单摆的摆动幅度就愈小。激励频率低于固有频率时，单摆的摆动方向和手的运动方向一致，激励和响应同相（图 6.3a）。激励频率高于固有频率时，单摆的摆动方向和手的运动方向相反，激励和响应反相（图 6.3b）。

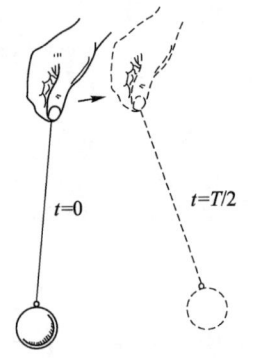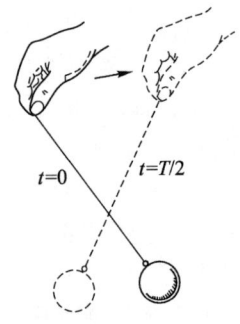

(a) 激励频率小于固有频率　　(b) 激励频率大于固有频率

图 6.3　单摆的受迫振动实验

6.2 简谐激励的受迫振动

最简单的周期性激励是按简谐规律变化的激励。讨论一个弹簧振子受简谐激励的受迫振动，激励力是以 F_0 为幅值，ω 为角频率的正弦函数（图6.4）。暂不考虑阻尼因素，在振子的动力学方程(2.5)的右边增加激励力，化作

$$m\ddot{x} = -Kx + F_0\sin \omega t \qquad (6.1)$$

令各项除以 m，改写为

$$\ddot{x} + k^2 x = (F_0/m)\sin \omega t \qquad (6.2)$$

这个方程存在正弦函数的特解，即频率与激励频率 ω 相同的简谐振动

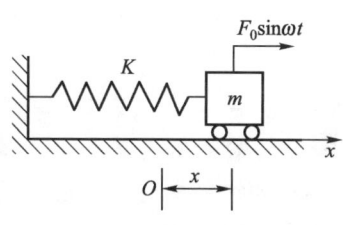

图6.4 振子受简谐激励的振动

$$x = A\sin \omega t \qquad (6.3)$$

将上式代入方程(6.2)，解出振幅 A 为激励频率 ω 的函数

$$A(\omega) = \frac{F_0}{m(k^2 - \omega^2)} \qquad (6.4)$$

在参数平面 (ω, A) 上确定的函数曲线 $A(\omega)$ 称为**幅频特性**曲线（图6.5）。将纵坐标改为 A 的绝对值 $|A|$，使 ω 无论大于或小于 k，曲线都位于横坐标的上方。根据曲线的几何特征，可作出以下判断：

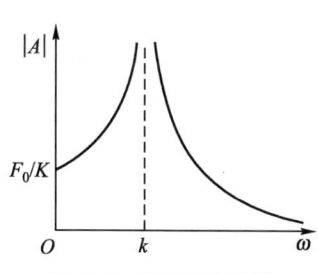

图6.5 幅频特性曲线

1. $\omega = 0$ 时 $A = F_0/K$，表示常值的激励力只能引起静变形。

2. $\omega \to \infty$ 时 $A \to 0$，无限增大激励频率，响应的振幅趋近于零。

3. $\omega \to k$ 时 $A \to \infty$，激励频率接近振子固有频率时，响应的振幅趋近于无限大。

4. $\omega < k$ 时 $A > 0$，激励频率小于振子固有频率时，响应和激励同相。

5. $\omega > k$ 时 $A < 0$，激励频率大于振子固有频率时，响应和激励反相。

于是 6.2 节中从实验观察到的受迫振动现象就在理论上得到证明。

以上所作的分析忽略了阻尼因素，而实际振动系统总是有阻尼存在。在阻尼的耗散作用下，只有激励输入的能量和阻尼消耗的能量达到平衡时，系统才能维持等幅的稳态响应。考虑阻尼因素的幅频特性曲线如图 6.6 所示。与图 6.5 比较，两种曲线有大致

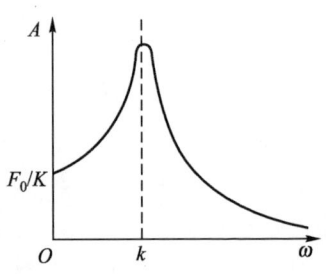

图 6.6 有阻尼系统的幅频特性

相同的几何特征，激励频率在振子固有频率附近时都存在共振现象。只是有阻尼系统共振时的振幅为有限值，而不是无限增大。关于有阻尼系统受迫振动更详细的分析在附录里给出。

振子在周期性激励力作用下，产生的如式(6.3)表示的与激励频率相同的周期性响应称为**稳态响应**。振子的实际运动还应叠加由初始位移或初始速度所引起的自由振动。这个自由振动部分称为振子的**暂态响应**。根据线性常微分方程理论，方程(6.2)的通解就是激励引起的特解和自由振动解的叠加。也就是说，振子对周期性激励的总响应是稳态响应与暂态响应之和。由于实际系统总不可避免有阻尼因素存在，暂态响应在阻尼作用下会逐渐衰减。所以经过一段时间以后，振子的运动就只剩下稳态响应了(图 6.7)。

对于实际发生的任意周期性的激励，可以分解成许多不同频率的简谐激励。利用线性微分方程解的可叠加性，线性系统的响应就是每个简谐激励产生的简谐振动的简单叠加。因此周期性激

第 **6** 章 受迫振动

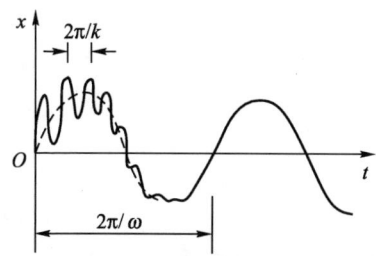

图 6.7　稳态响应和暂态响应的叠加

励下的线性系统产生的响应必也是周期性的。

6.3　倍频响应和跳跃现象

非线性系统的受迫振动比线性系统要复杂得多。以式 (2.16) 表示的达芬方程为例，在简谐激励作用下，不仅有与激励频率 ω 相同的周期性响应，而且会同时出现整数倍激励频率，即 3ω，5ω，…等高次谐波的周期性响应。也可能出现整分数激励频率，如 $\omega/3$，$\omega/5$，…的周期性响应。非线性系统的这种不同于激励频率的响应称为**倍频响应**和**次谐波响应**。

如果受到两种不同频率 ω_1 和 ω_2 的简谐激励，除与 ω_1，ω_2 及其倍数或分数频率的响应以外，还可能出现 $2\omega_1 \pm \omega_2$，$2\omega_2 \pm \omega_1$ 等**组合频率**的响应。可见非线性系统的受迫振动要比线性系统复杂得多。人耳的鼓膜是一个恢复力含平方项的非线性弹性元件，因此在受到 ω_1 和 ω_2 两种频率声波的激励时，也能听到 ω_1，ω_2 的倍频及 $\omega_1 \pm \omega_2$ 等组合频率的声音。

在图 6.5 或图 6.6 的幅频特性曲线中，$\omega = k$ 处的虚线表示激励幅值为零的幅频特性。也就是无外界激励时，系统自由振动的固有频率与振幅的关系。在线性系统情形，图 6.5 或图 6.6 中竖直的虚线表示固有频率 k 是与振幅无关的常值。对于用达芬方程表示的非线性系统，固有频率并非常数。第 2 章附录中的式 (2.26) 已经给出固有频率 $\hat{k}$ 随振幅 A 的变化规律。可用于确定参

数平面(ω, A)内表示固有频率变化的虚线,将$\hat{k}$改用ω表示,写作

$$\omega = k\left(1 + \frac{3}{8}\varepsilon A^2\right) \tag{6.5}$$

于是线性系统的竖直虚线变得向一侧弯曲。在受迫振动的幅频特性曲线中,上述表示固有频率变化的虚线起着骨架的作用。所有不同激励强度的幅频特性曲线都挂在这个骨架上。当骨架曲线向一侧弯曲时,幅频特性曲线也一同弯曲,如图6.8所示。

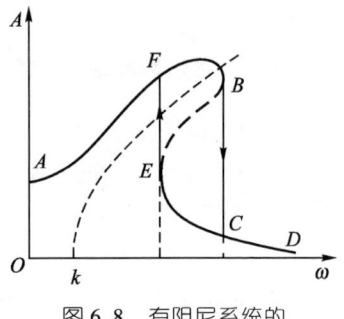

图6.8 有阻尼系统的幅频特性曲线

从图6.8看出,非线性系统的幅频特性曲线并非单值对应。在激励频率的某个区间内,同一频率对应的振幅有3个不同值。实验表明,当激励频率从零开始缓慢地增大时,受迫振动振幅沿图6.8的A点处沿幅频特性曲线连续变化至B点处。再增大频率,则振幅从B点突降至C点。频率继续增大,则振幅从C点沿曲线的下半分支向D点方向移动。若激励频率从较大值开始缓慢地减小时,受迫振动振幅从D点开始沿曲线的下半分支连续变化至E点,再减小频率,则振幅从E点突跃至F点,频率继续减小,则振幅从F点沿曲线的上半分支向A点方向移动。表明幅频特性曲线的BE段所对应的受迫振动是不稳定的。这种振幅的突变现象称为**跳跃**现象,是非线性系统又一特有的现象。系统的运动状态随着参数变化而发生突然变化的现象称为**动态分岔**,跳跃现象是一种特殊的动态分岔。

6.4 惯性力激励的受迫振动

在很多情况下,周期性激励来源于转动机械旋转时产生的惯

性力。这种激励力的特点是激励力与频率有关,即激励的幅值随频率的变化而改变。惯性力激励产生的振动是工程技术中最常见的受迫振动。例如在弹性梁上安放一个转子有偏心的电机,电机旋转时偏心转子的离心力 F 与转速 ω 的平方成比例(图6.9)。离心力沿垂直轴的分量 $F_y = F\sin\omega t$ 就对梁产生激励,激励的角频率就等于转子的转速。电机静止时激励力为零,只有重力引起梁的常值静变形。不考虑这部分静变形,转速从零开始增加时,梁的振动也从零开始幅度逐渐变大。当激励频率接近梁的固有频率时,梁产生大幅度的激烈振动进入共振状态。频率继续增加超过梁的固有频率时,振幅又慢慢变小。如无限增大转速,则只有梁振动的惯性力与偏心转子的惯性力互相平衡,于是振幅逐渐趋近常值。

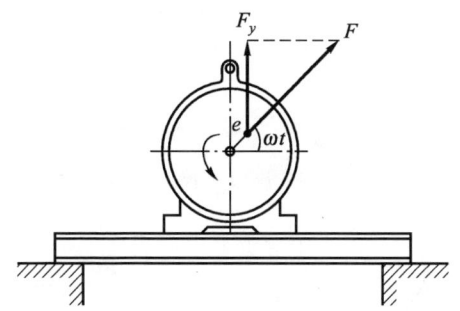

图 6.9 利用偏心转子电机的振动实验

设偏心转子的质量为 m_e,偏心距离为 e,转速为 ω,则离心力的幅值为

$$F_0 = m_e e \omega^2 \qquad (6.6)$$

代入受迫振动方程(6.1),令 $B = m_e e/m$,可化成与式(6.2)类似的方程

$$\ddot{x} + k^2 x = B\omega^2 \sin\omega t \qquad (6.7)$$

区别只是方程(6.7)右边的激励项中出现频率 ω 的平方项。方程(6.7)仍存在与式(6.3)相同的受迫振动特解。只是振幅 A 与激

励频率 ω 的关系改成

$$A(\omega) = \frac{B\omega^2}{k^2 - \omega^2} \quad (6.8)$$

与式(6.4)比较，分子中增加了 ω^2 项，于是幅频特性曲线的几何特征就有些差别(图6.10)。主要的不同点在于

1. $\omega = 0$ 时 $A = 0$，激励力为零，无振动。

2. $\omega \to \infty$ 时 $A \to -B$，无限增大激励频率，响应的振幅趋近于常值。

其他特征和5.3节中归纳的一般情况相同：

3. $\omega \to k$ 时 $A \to \infty$，激励频率接近振子固有频率时，响应的振幅趋近于无限大。

4. $\omega < 1$ 时 $A > 0$，激励频率小于振子固有频率时，响应和激励同相。

5. $\omega > 1$ 时 $A < 0$，激励频率大于振子固有频率时，响应和激励反相。

以上分析结果也与实验观察现象一致。图6.11为考虑阻尼因素的幅频特性曲线，在共振频率附近的振幅为有限值。

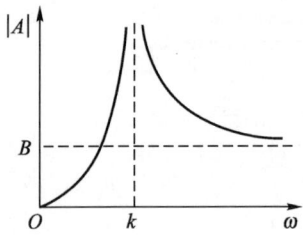

图 6.10　惯性力激励的幅频特性

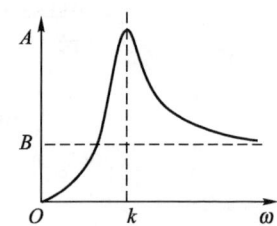

图 6.11　有阻尼系统的惯性力激励的幅频特性

在高速旋转机械中，由于转子质量偏心和转轴的弹性可能导致转子的剧烈振动。将转子看成质量为 m 的刚性圆盘，弹性轴看成无质量的刚度为 K 的弹簧，组成一个振动系统。设圆盘的质心 O_c 与几何中心 O_1 不重合，偏离的距离为 e。当弹性轴带动圆

盘匀速旋转时,由于轴的弯曲变形,使盘心 O_1 偏离轴承连线与盘面相交的固定点 O(图 6.12)。弹性轴产生对圆盘的弹性恢复力 F,沿 O_1 至 O 的方向。圆盘旋转产生的离心力 F_c 沿 O 至 O_c 的方向。以 O 为原点沿盘面建立固定坐标轴 x,y,离心力在 x 和 y 轴上的投影成为对圆盘的周期性激励力,激励的角频率就是旋转角速度 ω(图 6.13)。根据前面的分析结果可以判断,当转速 ω 接近系统的固有频率 $k = \sqrt{K/m}$ 时,响应的振幅无限增大出现共振现象。引起共振的转速 $\omega_{cr} = k$ 在工程中称为**临界转速**。对于转速极高的汽轮机或电动机,这种共振现象可导致危险的后果。根据第 9 章的分析,作为连续体的弹性轴有许多固有频率,也就有许多临界转速。在高速旋转机械的设计中,必须使工作转速远离临界转速。

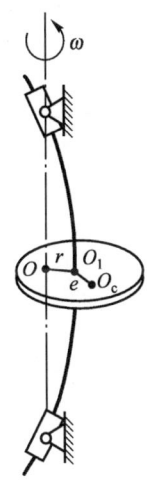 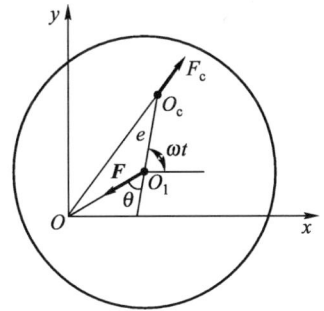

图 6.12 带偏心转子的转轴　　图 6.13 转子的离心力和恢复力

考虑转轴实际存在的阻尼因素,响应与激励之间存在相位差 θ。可以证明,$\overline{O_1O_c}$ 与 $\overline{OO_1}$ 的夹角恰好就等于相位差 θ。根据附录中图 6.33 表示的相频特性曲线判断,当转速 ω 低于临界转速时,响应和激励同相,即振动方向与离心力方向一致,圆盘的重边向外飞出(图 6.14a)。当转速 ω 超过临界转速时,响应和激励反相,振动方向与离心力方向相反,圆盘的轻边向外飞出(图 6.14b)。转速 ω 无限增大时,振幅与偏心距 e 接近相等,质心 O_c 与固定点 O 接近重合,圆盘趋向于绕质心旋转,称为自动定心现象(图 6.14c)。

惯性力激励的受迫振动是对旋转机械安全性的威胁,但作为振动机械的动力来源也可加以利用。在许多振动机械中,如振动打桩、振动压实和振动捣固等机械,都是利用惯性力对工程对象施加交变的作用力以达到预期的效果(图 1.5)。

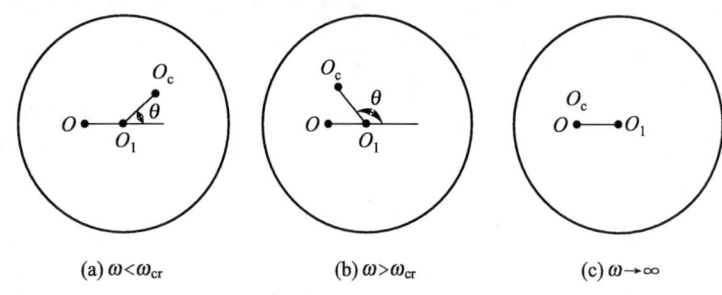

(a) $\omega < \omega_{cr}$　　　(b) $\omega > \omega_{cr}$　　　(c) $\omega \to \infty$

图 6.14　重边飞出、轻边飞出与自动定心

6.5　共振现象

无论从实验观察或是从理论分析都能证实,当激励频率接近振子的固有频率时,振子的响应就特别激烈。这种特别激烈的运动状态就是共振。如忽略阻尼因素,共振时的振幅可趋于无限大(图 6.5 和图 6.10)。考虑阻尼因素时,振幅在共振频率处也到达最大值(图 6.6 和图 6.11)。

共振现象在我国古代是早已得到认识的自然现象。古人从哲学观点出发,认为许多同类事物之间有相互感应作用,共振就是事物的这种普遍属性的表现之一。在先秦典籍中不止一处有关于共振现象的文字记载,例如

第6章 受迫振动

"同声相应,同气相求。"《周易·文言》

"同类相从,同声相应,固天之理也。"《庄子·渔父》

"类同相召,气同则合,声比则应。"《吕氏春秋·召类》

宋代的科学家,《梦溪笔谈》的作者沈括曾用琴弦上粘贴小纸人的方法设计和完成了世界上最早的共振实验。

有几则与共振有关的有趣故事。传说唐朝洛阳有位僧人,房中的铜磬常会自动鸣响。僧人为此惊恐成疾。有位精通音乐的朋友闻讯看望,正值寺庙里敲钟,那乐器又自鸣起来。朋友用一把铁锉在铜磬上锉了几下就不响了,解释说你的铜磬和庙里的大钟音调相同,锉了几下铜磬的音调改变了,和大钟音调不一致就再也不会响了。于是僧人的病也就痊愈了。

另一个故事发生在18世纪的法国,一队士兵在指挥官的口令下迈着整齐的步伐通过昂热市一座大桥时,桥梁突然强烈振动而断裂坍塌,桥上的官兵落水丧生。事后研究,士兵齐步走的频率恰好与大桥的固有频率一致,使大桥出现共振导致坍塌。接受这个教训,许多国家的军队都明文规定军队过桥时必须将齐步走改为便步走。这一事故的更重要启示是,任何建筑物在设计时都必须将固有频率远离可能发生的动载荷的激励频率,以避免出现共振。

了解了共振的机理,就能将这种自然规律加以利用。早在战国时期,墨子(图6.15)就设计了最古老的共鸣器,用于获取敌方信息,防备敌方挖地道攻城。这种古老的共鸣器由蒙上皮革的陶瓷构成,深埋在城墙根。文献对此有详细说明:

"令陶者为甖,容四十斗以上,固幎之以薄皮革,置井中,使聪耳者

图6.15 墨子(468 BC—376 BC)

伏罂而听之，审知穴之所在，凿穴迎之。"《墨子·备穴》

近代的共鸣器常用于声学测量。19世纪德国物理学家亥姆霍兹(von Helmholtz, H.)(图6.16)设计了一个以他名字命名的共鸣器。共鸣器是一个带细颈的容器，细颈内空气柱的固有频率取决于细颈的长度 l、直径 d 和容器的体积 V(图6.17)。被测量的声波使颈内的空气柱产生受迫振动，并激起容器内空气的共鸣，当声波频率与空气柱的固有频率一致时便产生共振。用一套细颈长度各不相同的共鸣器，各个共鸣器只能发出与自身频率相同的声音。这种共鸣器可用于分离声音包含的各种频率成分。也可利用共振时消耗的能量作为吸音装置。

图6.16　亥姆霍兹
(H. von Helmholtz, 1821—1894)

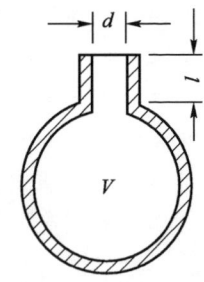
图6.17　亥姆霍兹共鸣器

共鸣器的原理也用于乐器和扬声器的制造。在以振动为动力的振动机械，如振动粉碎、振动压实等机械的设计中，应用共振原理可以控制振动源的强度，以取得强度最高的振动效果。

6.6　振动的隔离

工业生产中的机器设备常常是产生振动的来源。安装这种机器设备时必须采取隔离措施，就是在机器和地基之间增加隔离层，以隔绝或减弱振动力和能量的传递，减少机器对环境的影响

(图 6.18)。隔振可分为主动隔振和被动隔振。如果机械本身是振源,要使它与地基隔离以减少对周围环境的影响,称为主动隔振。如果振源来自地基的运动,例如地震,则必须将地基与设备隔离,以减少外界对设备的影响,称为被动隔振。

隔离层一般采用弹性阻尼材料。材料的阻尼性能愈好,吸收的振动能量愈多,隔振的效果就愈好。无论是主动隔振或是被动隔振,隔振的效果都以隔振后的振幅和隔振前的振

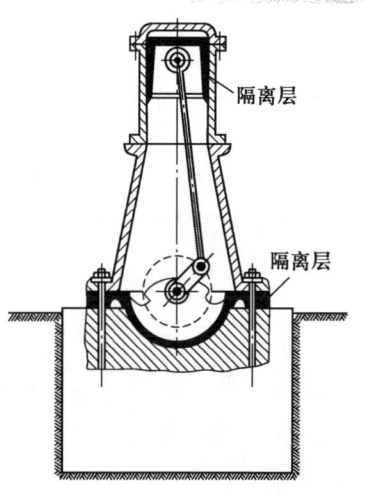

图 6.18 振动机械的隔振

幅之比作为衡量标准,称为隔振因数。根据分析,隔振因数 η 用以下公式计算

$$\eta = \sqrt{\frac{1+(2\zeta s)^2}{(1-s^2)^2+(2\zeta s)^2}} \qquad (6.9)$$

其中 $\zeta = n/k$, $n = c/2m$ 是式(3.5)中出现过的阻尼系数,$s = \omega/k$ 是振源频率与被隔振装置的固有频率之比。要使式(6.9)表示的隔振因数 η 小于 1,s 必须大于 $\sqrt{2}$。即激励频率必须大于带隔离层机器的固有频率的 $\sqrt{2}$ 倍,才能使隔振产生效果。

6.7 非周期性激励

在许多实际问题中,系统受到的激励并非周期性,而是随时间按任意规律变化。例如冲击力、风力、地震波等。系统对于非周期性激励不存在稳态响应,因此任何非周期性激励的响应都可看做是暂态响应。关于暂态响应的计算可以采用通用的数学方法,主要是杜哈梅(Duhamel, J.)积分和拉普拉斯(Laplace,

P. M.)变换。前者用于理论分析,后者是一种工程实用方法,对各种典型的非周期激励可以通过查表直接找到响应的变化规律。

一座高层建筑突然被一阵强风刮过产生振动,这风载就是典型的突加载荷。如不考虑风力的强弱变化,可以用阶跃函数 $\varepsilon(t)$ 表示。阶跃函数 $\varepsilon(t)$ 的定义是时间 t 为负值时函数值等于零,t 为零或正值时函数值等于 1(图 6.19a)。更广泛些的定义可以表示为

$$\varepsilon(t) = \begin{cases} 0 & (t < t_1) \\ 1 & (t \geq t_1) \end{cases} \qquad (6.10)$$

即函数仅在 t_1 时刻才从零突跃为 1。t_1 称为延迟时间,按此定义的函数称为延迟阶跃函数(图 6.19b)。无延迟的阶跃函数是 $t_1 = 0$ 时的特例。

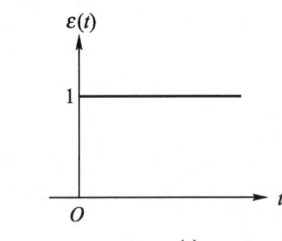 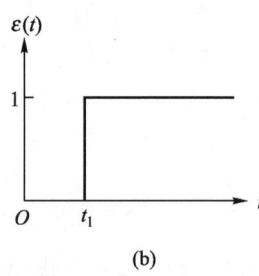

(a)　　　　　　　　　(b)

图 6.19　阶跃函数

如果刮向建筑物的强风作用时间有限,刮了一阵就停止了。这种在有限时间内作用的突加载荷可以用矩形脉冲函数 $f(t)$ 表示(图 6.20)。如载荷的作用时间为 t_1,矩形脉冲函数的定义为

$$f(t) = \begin{cases} 0 & (t < 0) \\ 1 & (0 \leq t < t_1) \end{cases} \qquad (6.11)$$

如果载荷的作用时间极短,但强度极大,例如汽车发生事故时受到的巨大碰撞力。这种冲击载荷就必须用脉冲函数 $\delta(t)$ 表示。脉冲函数也称为狄拉克(Dirac,P.)函数,这种特殊的函数仅在 $t=0$ 的极小的邻域 $(-\varepsilon,\varepsilon)$ 内定义,函数曲线所包含的面积等

于 1(图 6.21)。突加载荷和脉冲载荷是最常见的非周期激励。利用阶跃函数、脉冲函数和其他初等函数还可以组合出各种变化规律的非周期激励。

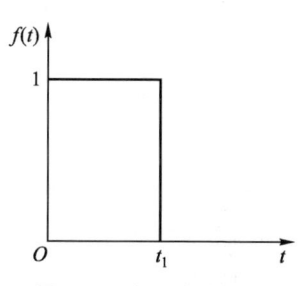

图 6.20　矩形脉冲函数

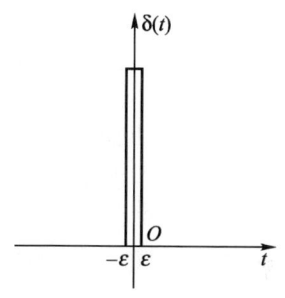

图 6.21　脉冲函数

以冲击力为例。机械产品的设计必须保证在冲击载荷作用下不会发生损坏。将机械零件用弹性部件固定在箱体上(图 6.22)。当箱体从高空下落撞击地面时,由冲击引起的负加速度在零件上产生巨大的惯性力构成冲击载荷。冲击载荷 $F(t)$ 可以有各种数学模型,如矩形脉冲,

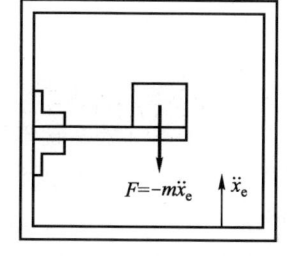

图 6.22　箱体中的机械零件

半正弦脉冲或三角形脉冲(图 6.23)。这些非周期激励可以利用矩形脉冲函数和正弦函数或线性函数的组合来表示。各种载荷模型的选择取决于碰撞物体和地面的物理性质,还必须满足对机械产品的抗冲击能力的技术要求。各种门类的机械产品对冲击响应的检测都有明确的规定。

对于上述各种非周期激励,都可以利用拉普拉斯变换,通过查表找到响应的变化规律。在工程设计中,常需要了解某个结构物或者某个产品受到冲击载荷作用后产生的最大响应值。因为载荷的作用时间很短,最大响应不一定发生在载荷作用的时间段

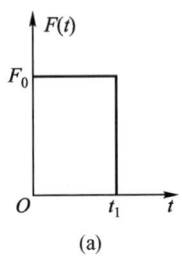 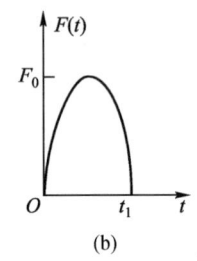 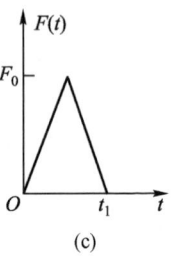

图 6.23 常见的冲击脉冲

里,而很可能发生在载荷作用结束后的自由振动阶段。对于各种不同的冲击载荷,事先计算出最大响应值与系统的某个参数,例如与固有频率之间的关系曲线对设计工作有重要的参考作用。这种关系曲线称为系统对于冲击载荷的**响应谱**。

6.8 随机振动

以上讨论的周期性和非周期性激励,以及这些激励所产生的响应,都是时间的确定性函数。但自然界和工程中还存在大量非确定性的振动现象。例如车辆在不平路面上行驶时的振动、船舶在海浪中的颠簸、地震引起结构物的振动等。这些现象的共同特征是激励和响应事先不能用时间的确定函数来描述。这种不确定性的振动属于**随机振动**范畴。要研究随机振动的规律,必须在大量试验数据的基础上利用统计方法进行。例如要研究汽车在行驶中的振动,首先必须在同样的道路和车速条件下,对汽车的振动做多次道路试验,记录下各个与振动有关的参数随时间的变化规律。每次记录称为一个样本函数(图 6.24)。足够多的样本函数的集合构成一个随机过程,用 $X(t)$ 表示。对于确定的某个采样时刻 t_1,各个样本的函数值 $X(t_1)$ 都各不相同,$X(t_1)$ 的这些数的集合构成一个随机变量。于是关于随机振动的研究就建立在随机过程和随机变量的基础上。对随机过程的研究方法也完全不同于确定性问题,而必须利用统计数学的专门知识。

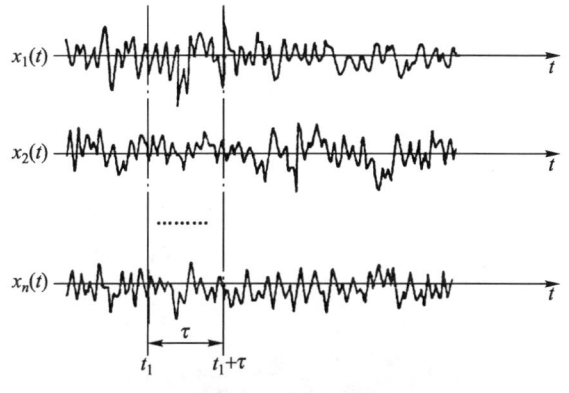

图 6.24 样本函数

地震是对人类社会有重要影响的自然现象。由于地球内部不停地发生变化，板块的碰撞、岩层的变形、断裂和错动，引起地球表面的颤动就出现地震。地震难以预测，地震力的变化规律也无法预知，是明显的随机过程。图 6.25 为典型的地震加速度随时间的变化曲线。纵坐标的加速度以重力加速度 g 为单位。

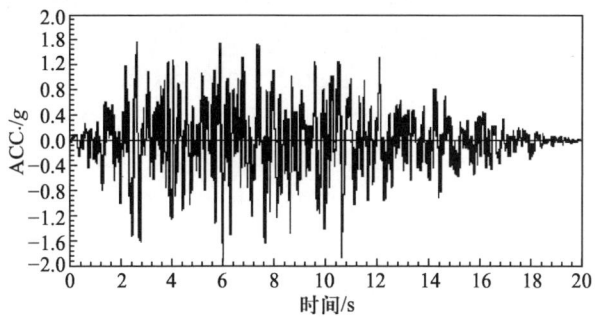

图 6.25 地震加速度随时间的变化曲线

地震的发生很频繁，地球上每年发生的大小地震在百万次以上。强烈的地震可引起海啸、滑坡、泥石流、地裂缝等地质灾害，造成生命财产的重大损失。2008 年 5 月 12 日发生的四川汶川 8.0 级大地震是新中国成立以来破坏性最强、波及范围最广的一次地震(图 6.26)。因此重要的建筑物如原子能反应堆、水坝和桥梁等，必须将地震载荷作为重要的设计载荷。地震波传到地表时产生垂直方向和水平方向的运动。水平运动对结构的破坏作用尤其巨大。分析地震载荷引起结构物的随机振动时，可以将一次强地震的加速度记录作为输入，也可将历次地震发生时的记录归纳成统计规律作为输入，用数值方法计算出结构的响应谱。

图 6.26　2008 年汶川大地震对建筑物的破坏

风载荷也是随机性的自然现象。对于塔架、烟囱、高层建筑和大跨度桥梁等结构，风载荷是重要的设计载荷。在上一节中，曾将比较平稳的阵风视为突加载荷，用阶跃函数表示。但突加载荷只能代表风载中的定常部分。对于柔度愈来愈大的高层建筑，还必须考虑风载中的脉动部分。而脉动的风载荷就是典型的随机载荷。在高层建筑的设计中，常以风载荷可能引起的最大幅度响应作为依据。图 6.27 表示简化成单自由度系统的结构物受风载和地震激励的简化模型，其中的风载作用力 $F(t)$ 和地震波加速度 $\ddot{x}_1(t)$ 都是随机过程。

汽车在道路上行驶时上下颠簸的振动是另一种类型的随机振动。振动来源于道路对车轮的激励。而各种道路表面的粗糙程度不同，所产生的随机激励当然也不同。柏油马路的不平度就要比

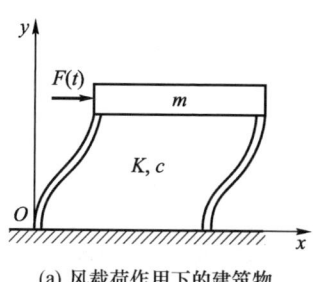
(a) 风载荷作用下的建筑物

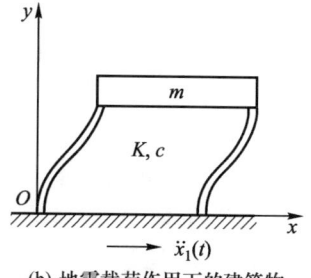
(b) 地震载荷作用下的建筑物

图 6.27　建筑物的简化模型

石子路或泥土路好得多。因此必须对各种道路做实际测量，测出道路沿纵向路程的不平度，归纳出的统计规律称为道路谱，提供给车辆设计作为参考。道路谱和上面提到的随机过程不同，它不是以时间 t 为自变量，而是以纵向路程的长度坐标 s 为自变量，即图 6.28 中的随机变量 $x_1(s)$。于是时间域内的随机过程概念就转化成空间域内的随机场概念。

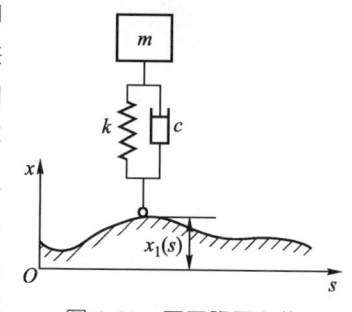

图 6.28　不平路面上的车辆简化模型

6.9　振动的量测

工程技术中常需要对振动环境的频率和幅度进行量测，作为机械或建筑设计的依据。尤其地震的量测对了解地震的发生、强度和发生地点，以及时采取措施减少地震破坏带来的损失有着非常重要的意义。早在公元 132 年，我国汉朝的科学家张衡（图 6.29）制成的地动仪（图 6.30）是世界上最早的探测地震的仪器。地动仪敏感地震的惯性元件是一根底部支撑的铜柱，形成一个倒置的复摆。当地震的加速度对铜柱的底部产生脉冲激励时，处于不稳定平衡状态的倒摆即朝向冲击方向倾倒。柱旁有八条通道，倾倒的铜柱拨动称为"牙机"的机构，使沿地震方向八道之一的龙头张嘴吐出铜球，落到下方铜蟾蜍的嘴里。就能探测到地震的发生和发生地点的方向。公元 134 年，地动仪首次成功地探测到陇西发生的地震。虽然地动仪还不能记录地震波的变化过程，但它开创了人类使用科学仪器测报地震的历史，比欧洲的类似的地震探测仪器早了一千多年。

图 6.29　张衡(78—139)

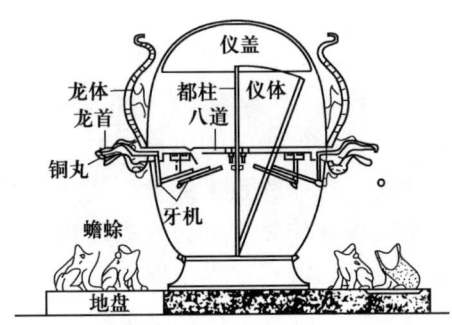

图 6.30　地动仪

现代的惯性式测振仪可以看做是将振子受惯性力激励的受迫振动应用于工程技术的实例。图 6.31 表示的测振仪由一个质量弹簧振子构成，仪器的外壳固定在待测的基座上。基座振动时与振子固定的笔尖会在转动的圆筒上划出一根连续曲线。设振子的质量为 m，弹簧刚度为 K，基座的简谐振动规律为

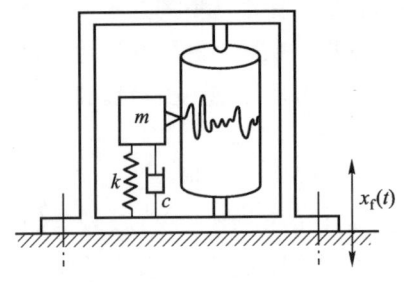

图 6.31　惯性式测振仪

第 6 章 受迫振动

$$x_1 = B\sin \omega t \qquad (6.12)$$

设基座振动在振子上产生的惯性力幅值为 $B\omega^2$。振子相对基座的响应可根据式(6.8)写出

$$A(\omega) = \frac{B\omega^2}{k^2 - \omega^2} \qquad (6.13)$$

当基座的激励频率 ω 远大于仪器的固有频率 k 时,仪器读数的幅值 A 接近于 $-B$,即与基座激励的振幅相等,但相位相反。由于相对运动与基座的牵连运动接近抵消,振子的绝对运动的振幅接近于零,几乎停留在空间中静止不动。

如基座的激励频率 ω 远小于仪器的固有频率 k,则式(6.13)的分母中的 ω^2 项可近似略去,仪器读数的幅值 A 就与激励的加速度幅值 $B\omega^2$ 成正比。因此测振仪可根据不同的用途选择其固有频率。低固有频率用于量测振动的位移幅值,称为位移计。高固有频率用于量测振动的加速度幅值,称为加速度计。

附录:阻尼受迫振动

设在带阻尼的弹簧振子上作用以角频率 ω 变化的简谐激励力,用复数形式表示为 $F_0 \mathrm{e}^{\mathrm{i}\omega t}$,其中的实部和虚部分别为余弦和正弦函数(图 6.32)。在有阻尼振子的自由振动方程(3.5)中增加激励力,引入 $\zeta = n/k$ 为阻尼比,化作

$$\ddot{x} + 2\zeta k \dot{x} + k^2 x = Bk^2 \mathrm{e}^{\mathrm{i}\omega t} \qquad (6.14)$$

参数 B 的定义见式(6.2)。简谐激励力产生的稳态响应也是简谐规律的周期运动,用复数表示为

$$x = X\mathrm{e}^{\mathrm{i}\omega t} \qquad (6.15)$$

其中 X 为稳态响应的复振幅。将上式代入方程(6.13),导出

$$X = H(\omega) F_0 \qquad (6.16)$$

$H(\omega)$ 称为复频响应函数

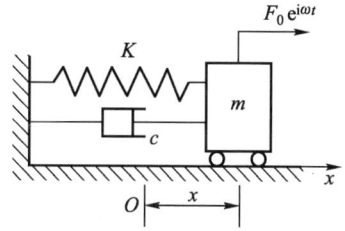

图 6.32 受激励的振动系统

$$H(\omega) = \frac{1}{k}\left[\frac{1-s^2-2\mathrm{i}\zeta s}{(1-s^2)^2+(2\zeta s)^2}\right] = \frac{1}{k}\beta\mathrm{e}^{-\mathrm{i}\theta} \qquad (6.17)$$

其中 $s = \omega/k$，$\beta = A/B$ 为系统的幅频特性。θ 为响应与激励之间的相位差，θ 随激励频率 s 的变化规律为系统的相频特性。

$$\beta(s) = \frac{1}{\sqrt{(1-s^2)^2+(2\zeta s)^2}} \qquad (6.18)$$

$$\theta(s) = \arctan\frac{2\zeta s}{1-s^2} \qquad (6.19)$$

不同阻尼比 ζ 对应的幅频特性曲线 $\beta(s)$ 和相频特性曲线在图 6.33 和图 6.34 中给出。

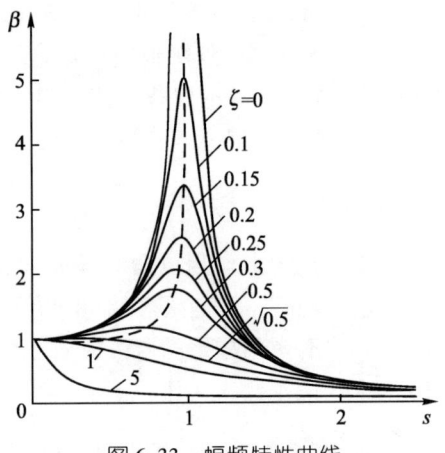

图 6.33 幅频特性曲线

与无阻尼的幅频特性曲线图 6.5 对比，可看出：$s = 0$ 时 $\beta = 1$，$s \to 1$ 时响应的振幅趋于峰值，仍表现为共振现象。但振幅的峰值为有限值，仅在 $\zeta = 0$ 的无阻尼情形趋于无限大。响应和激励之间的相位关系和无阻尼情形相同。

对惯性力激励的受迫振动作类似的分析，得到的幅频特性曲线在图 6.35 中给出。相频特性曲线与图 6.34 相同。

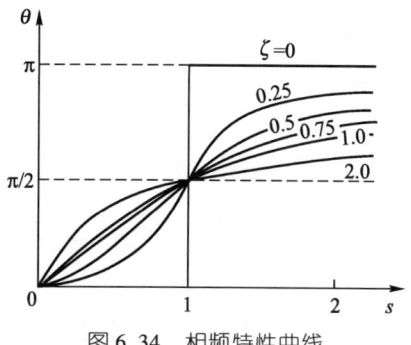

图 6.34 相频特性曲线

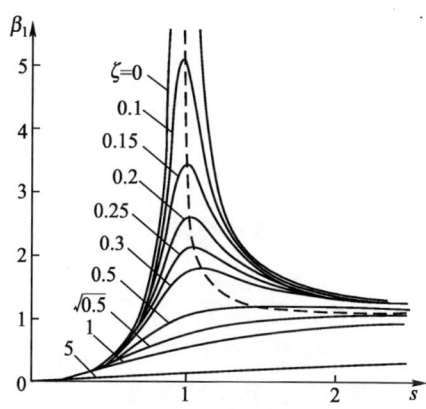

图 6.35 惯性力激励的幅频特性曲线

第 7 章 自激振动

7.1 自激振动现象

在前面各章里我们讨论过几种类型的振动,从能量观点出发可以区分为

1. 无阻尼自由振动:初始激励后,再无能量的输入或输出;
2. 阻尼自由振动:能量无输入,阻尼作用使能量输出;
3. 受迫振动:有持续的周期性或非周期性随时间变化的能量输入。

上述几种振动是振动力学课程讲解的主要内容。但这几种振动并不能解释所有的振动现象,甚至是一些极普通的振动现象。例如第 5 章中叙述的摆钟就不属于上面列举的任何一种振动。此外还可以列举一些更常见的例子:

- 树叶在微风中摇摆
- 独轮车的车轴吱吱响
- 足球裁判吹哨和号兵吹号
- 动物发声和人类说话
- 演奏小提琴和手风琴

第 7 章 自激振动

这些振动现象有持续的能量输入，不属于自由振动。但输入的能源是恒定的，不随时间变化，因此也不是受迫振动。这种类型的振动就称为**自激振动**。

7.2 自激振动的特征

从能量观点分析，自激振动从外界接受能量输入，有一个恒定的能源。能量在一个调节器的控制下向系统输入，这个调节器不是根据时间，而是根据系统自身的运动状态进行控制。系统一旦开始振动，所产生的交变性运动状态使得调节器对输入能量的控制作用也带有交变性。当输入的能量与耗散的能量达到平衡时，系统就能维持等幅振动。因此自激振动也就是系统自己控制产生的振动，能产生自激振动的系统称为自振系统。

自振系统由 3 个部分构成：(1) 耗散的振动系统，(2) 恒定的能源，(3) 受系统运动状态反馈的调节器(图 7.1)。

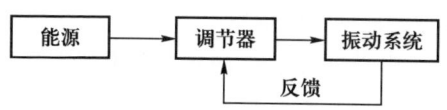

图 7.1　自振系统框图

以图 7.2 表示的电铃为例。由铃锤和弹簧片组成的电铃是振动系统，直流电源是恒定的能源，电磁断续器就起着调节器作用。通电以后，铃锤在电磁力作用下产生位移敲击铜铃，同时使电路断开。铃锤在弹簧恢复力作用下回到原处，于是电路再接通，铃锤再次敲击铜铃。如此往复循环就产生持久的自激振动。

图 7.3 表示的蒸汽机是自振系统的另一个例子。由活塞、连杆和飞轮组成的蒸汽机是振动系统，锅炉供应的蒸汽是恒定能源，

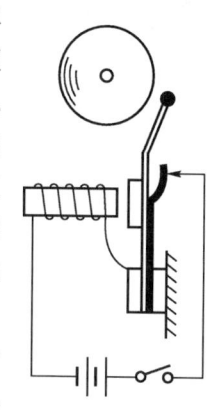

图 7.2　电铃

配气阀就是调节器。蒸汽推动活塞，并通过连杆带动飞轮转动，同时使配气阀移动以改变进气方向，使蒸汽朝相反方向推动活塞。活塞在往复推动下的运动带动飞轮产生持久的转动。不仅是蒸汽机，所有的内燃机也都是自振系统。

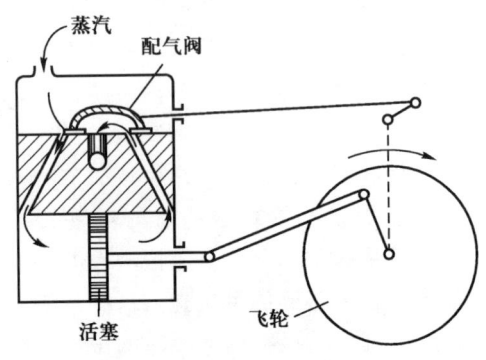

图 7.3　蒸汽机

关于自激振动，可以归纳出以下特征：

1. 振动过程中，存在能量的输入和耗散，因此自振系统是非保守系统。

2. 与受迫振动不同，能量的输入不随时间改变，而是从恒定的能源，依据振动系统的位移和速度进行调节。

3. 与自由振动不同，自激振动的频率和振幅都由系统的物理参数确定，与初始条件无关。

4. 自激振动的动力学方程不显含时间变量。而不显含时间变量的线性系统只能产生等幅或衰减的自由振动。因此产生自激振动的系统是非线性系统。

5. 自激振动的稳定性取决于能量的输入与耗散的相互关系。如振幅偏离稳态值时，能量的增加或减少能促使振幅回到稳态值，则自激振动稳定（图 7.4a）。反之，自激振动不稳定（图 7.4b）。

第 7 章 自激振动

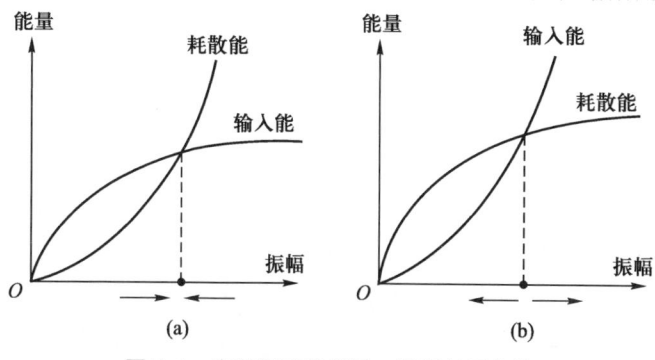

图 7.4 自激振动的能量 – 振幅关系曲线

7.3 摆钟的原理

第 5 章在关于摆钟发展历史的叙述中,曾将擒纵机构视为机械钟发展过程中最为关键的部件(图 5.6)。摆钟的运动是典型的自激振动。振动系统就是摆,恒定的能源来自重锤提供的势能,而擒纵机构起了调节器的作用。它在确定的位置上沿摆的运动方向对摆施加冲击,将重锤的能量间歇地输入摆,才能使摆产生周期和振幅都恒定不变的不衰减摆动。

根据上节的分析,任何机械系统当输入的能量大于耗散的能量时,振动的振幅必增加,反之,如输入的能量小于耗散的能量,则振幅必减小。只有输入的能量与耗散的能量相等时,才能实现不衰减的周期摆动。

组成摆钟的摆在每个摆动周期中,通过擒纵机构的冲击使摆获得常值的能量增量。如摆轴内存在干摩擦,将摩擦力视为常值,所做的负功就与振幅成正比。在图 7.5 中画出常值的输入能量和随振幅按线性变化的耗散能量,两条曲线的交点 S 就表示输入能量和耗散能量相等,此时摆做等幅摆动。设等幅摆动的振幅为 a_s,可以判断,如摆钟的初始振幅小于 a_s,则输入能大于耗散能,振幅将增大。反之,如初始振幅大于 a_s,则输入能小于耗散能,振幅将减小。因此无论初始振幅如何,以后都朝稳态振幅 a_s 趋近。这表明稳态振幅 a_s 对于初值具有稳定性。这种构造的摆钟只要受到微小的冲击,就能自动产生并维持稳定的周期摆动。在以位移和速度为坐标轴的相平面上,振幅不变的周期摆动表现为一条封闭的相轨迹。这种孤立的封闭相轨迹称为**极限环**。稳定的极限环所对应的周期运动就是自激振动(图7.6)。由于任意初始状态最终都趋近于同一个极限环,因此极限环和初始状态无关。这就和保守系统的自由振动完全不同,虽然后者在相平面上的相轨迹也是封闭的,但并非孤立的封闭曲线,而是由无数条封闭曲线组成的曲线族,各条曲线对应于不同的初始条件(图2.11a)。关于摆钟的封闭相轨迹的形成过程,在附录中还将做更仔细的分析。

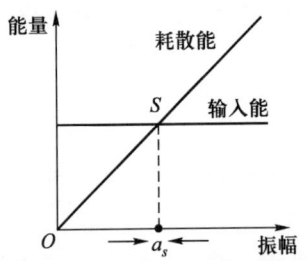
图7.5 摆钟的能量-振幅关系曲线

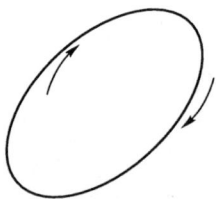
图7.6 稳定的极限环

随着技术的发展,计时钟表的能源早已不限于简单的摆锤。早在15世纪就已发明了利用储藏在金属发条弯曲变形中的势能作为能源,而直流电源或电池更已成为使用最普遍的新能源。尽管能源不同,利用自激振动实现等幅振动的力学原理完全相同。

7.4　干摩擦激发的振动

干摩擦不仅是上述摆钟自激振动的阻尼因素,而且干摩擦本身就能激发起自激振动。这种干摩擦自激振动在生活中极为常见。提琴弓子摩擦琴弦能发出悦耳的音乐,火车车厢刹车时会产

第 7 章 自激振动

生刺耳的噪音,这些现象都是干摩擦自振。

要解释干摩擦自激振动现象,不能仅依据库仑定律,因为库仑定律只是对动摩擦规律的近似描述。根据 3.2 节的叙述,更接近实际情况的动摩擦规律必须考虑摩擦力随相对速度 v 的变化而改变的现象。当相对速度从零开始增大时,摩擦力起先迅速降低,随后随着速度的继续增加而缓慢增大,这种变化的非线性关系在图 3.5b 中表示为 $F_d(v)$ 函数曲线。

以演奏小提琴为例,将琴弦简化成一个质量-弹簧振子(图 7.7)。当涂抹了松香的琴弓在琴弦上以 v_0 速度做匀速滑动时,即产生对琴弦作用的干摩擦力。设想在初始时刻琴弦处于静止状态,它相对琴弓的相对速度为 $-v_0$。琴弓的摩擦力 $F_d(-v_0)$ 拉伸弹簧以产生弹簧反力与摩擦力平衡。将琴弦的初始平衡位置作为坐标原点 O,琴弦相对 O 点的位移为 x,则琴弦的绝对速度 $\dot{x}$ 应等于相对琴弓的速度 v 与琴弓的滑动速度 v_0 之和。将图 3.5b 中函数曲线 $F_d(v)$ 的横坐标 v 以 $\dot{x}-v_0$ 代替,以 $\dot{x}$ 为横坐标,摩擦力相对 $F_d(-v_0)$ 的增量 ΔF_d 为纵坐标,转换后的变化曲线如图 7.8 所示。参看图 3.8 表示的两种不同性质阻尼的函数曲线,可以判断,当琴弦刚脱离静止状态开始运动时,在原点附近的微小速度范围内,摩擦力曲线的斜率为正值,具有负阻尼特征。而当琴弦的速度极大,远离原点的曲线斜率变为负值,具有正阻尼性质。也就是说,琴弦微弱的振动可逐渐扩大,而强烈的振动可逐渐缩小。可以预料,琴弦的运动最终趋向于稳定的周期运动,即自激振动。琴弓的运动就是恒定的能源,而干摩擦的非线性特性起了调节器的作用,它以负阻尼方式将琴弓提供的能源传输给

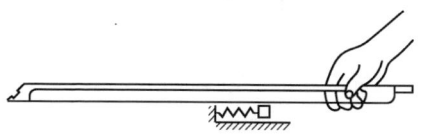

图 7.7 琴弦与琴弓组成的振动系统

琴弦。

设想琴弦的运动过程是起先琴弓借助静摩擦力咬住琴弦，使琴弦被琴弓带动向右做单方向匀速运动。随着弹簧变形的增大，弹性恢复力不断增长。当琴弦移动到一定程度，弹性恢复力足以克服静摩擦力时，琴弦即被迫脱离琴弓向左滑动，起先在弹簧恢复力作用下加速，超过平衡位置后开始减速，直到相对速度减到等于零时，琴弓再次咬住琴弦向右运动。上述黏着－滑动－再黏着的过程重复发生。咬住琴弦时琴弓做正功，释放后琴弓做负功，当能量的输入和输出达到平衡时，琴弦便能维持等幅的自激振动。图 7.9 是琴弦自激振动相轨迹的示意图，其中 P 和 Q 分别表示琴弦开始滑动和再次与琴弓黏着的位置。所形成的封闭相轨迹就是一个极限环。

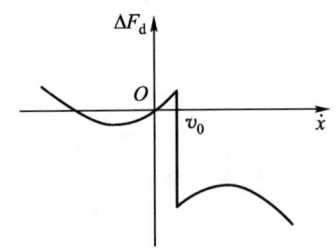

图 7.8　干摩擦力相对绝对
　　　速度的变化曲线

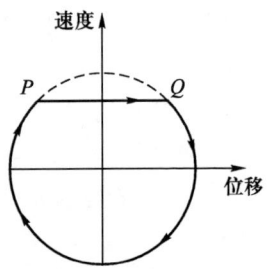

图 7.9　琴弦自激振动的
　　　极限环

各种实际发生的干摩擦自激振动都可从以上简单模型的分析得到解释。在工程技术中，干摩擦自振的典型例子是车刀在切削时与工件摩擦产生的振动。这种振动会严重影响工件的表面光洁度。干摩擦自激振动还发生在机械传动系统，当齿轮之间或和齿条之间缺少润滑时，就会发生时而粘住时而滑动的不连续爬行现象。要消除干摩擦自激振动，利用润滑剂就能达到目的。润滑剂的存在使干摩擦转化为黏性摩擦，根本改变了摩擦的性质，自激振动现象也就自然消失了。

7.5 输电线的舞动

架空输电线,尤其是跨越峡谷和河流的大跨度输电线在冬季被冰层覆盖,当遭遇到风速较大的阵风时,可产生强烈的上下抖动,振幅的峰值甚至可达十几米而造成严重事故。这种自激振动现象称为输电线舞动(图 7.10)。输电线舞动在我国时有发生,上世纪后 40 年内发生的导致线路跳闸的输电线舞动事故就有一百多起,造成导线磨损、线路跳闸中断等严重后果。

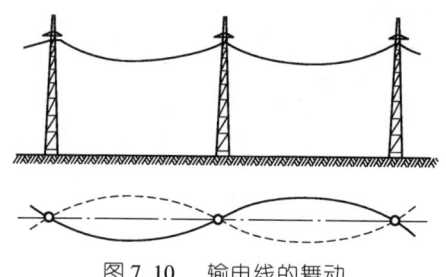

图 7.10 输电线的舞动

断面为圆形的输电线受风载作用时,空气动力作用一般不会太严重。但如果被冰雪覆盖,使电线的断面变成不对称形状时,风载的激励就变得很强烈。电线被空气动力的推动上下运动,而电线的运动又反过来影响空气动力。于是空气和电线的运动之间相互耦合,形成复杂的流固耦合振动系统。在图 7.11 中,以电线的截面表示一小段冰雪覆盖的电线,其质心距平衡位置的垂直坐标为 y。两端的电线拉力沿垂直轴的投影起弹性恢复力作用。当阵风以速度 v_0 吹向电线时,考虑电线垂直运动速度 $\dot{y}$ 的存在,阵风相对电线的相对速度发生角度为 α 的偏转,$\alpha = \dot{y}/v_0$ 称为空气动力的攻角。阵风对电线产生的空气动力包括与风向垂直的升力 $\boldsymbol{F}_L$ 以及与风向相逆的阻力 $\boldsymbol{F}_d$。它们沿垂直方向的投影用 F_y 表示,F_y 与风速 v_0 的平方成正比,与攻角 α 之间存在非线性关系,以图 7.12 中的函数曲线表示。参看图 3.8 可以判断,在原点附近的微小攻角范围内,空气动力曲线的斜率为正值。F_y 随

着攻角 α 增大表明垂直的气动力 F_y 的增量与垂直速度 $\dot{y}$ 的方向相同而具有负阻尼特征。而当攻角增大到远离原点，斜率变为负值时转变为正阻尼。于是微振动时振幅趋于增大，强振动时振幅趋于减小，二者之间必有稳定的极限环存在。这就直观地证明了自激振动出现的可能性。

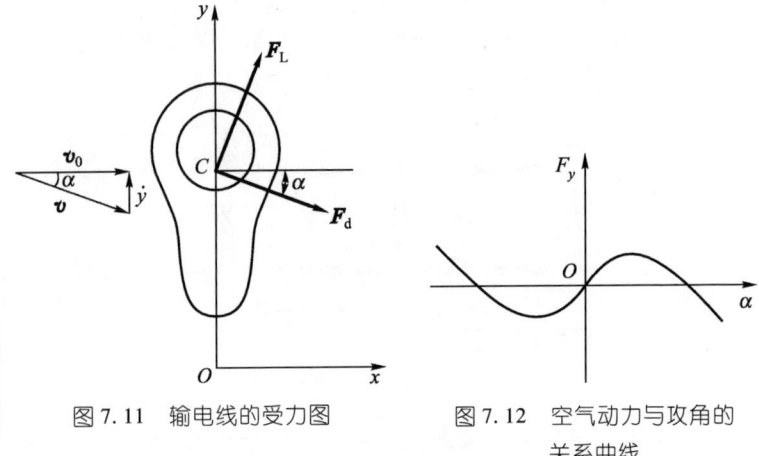

图 7.11　输电线的受力图　　图 7.12　空气动力与攻角的关系曲线

图 7.11 中的曲线可以用代数式近似表示为

$$F_y = a\alpha - b\alpha^3 \tag{7.1}$$

设 m 为电线段的质量，线段两端拉力合成的弹性恢复力的刚度系数为 K，输电线段沿 y 轴运动的动力学方程与方程(6.1)相同，右边的激励力改为式(7.1)的空气动力 F_y，将 $\alpha = \dot{y}/v_0$ 代入，令 $\dot{y} = x$ 作变量置换，化作

$$\ddot{x} - \varepsilon\dot{x}(1 - \delta x^2) + k^2 x = 0 \tag{7.2}$$

公式中 $\varepsilon = a/mv_0$，$\delta = 3b/av_0^2$，$k^2 = K/m$。从方程(7.2)的第 2 项可以直接看出，阻尼力的正负号，也就是阻尼的性质随振幅的大小而改变。即小振幅时为负阻尼，大振幅时为正阻尼。于是输电线舞动的自激振动现象就能从能量观点得到解释。

式(7.2)类型的非线性微分方程称为范德波尔方程。是荷兰的电气工程师范德波尔(Van der Pol)(图7.13)于1928年研究真空管振荡回路时所建立的数学式。范德波尔方程是表示自激振动系统的典型数学模型,许多不同物理背景的自激振动现象都可以用范德波尔方程来描述。

图7.13 范德波尔
(Van der Pol, 1889—1959)

图7.14 冯·卡门
(Von Kármán, T. 1881—1963)

与上述输电线舞动类似的自激振动现象早在19世纪就已受到注意。人们发现,当微风吹过竖琴的细弦时会使竖琴发出声音,这种有趣的现象吸引了捷克物理学家斯特劳哈尔(Strouhal, V.)的注意。1878年他对气流通过圆截面柱时所产生的振动做了系统的实验研究。结论是振动频率与流速成正比,与圆截面柱的直径成反比。1912年美籍匈牙利力学家冯·卡门(Von Kármán, T.)(图7.14)从理论上证明,当流体绕过非流线形障碍物时,会在物体后方两侧产生反对称等距离排列的,旋转方向相反的成对涡旋,称为卡门涡街(图7.15)。出现涡街的尾流对物体产生周期变化的作用力,频率与流速和物体直径的关系与斯特劳哈尔的实验结果一致。当激励力与物体固有频率接近时便会产生共振。基于卡门涡街的原理,上述输电线自激振动现象就有了更深入的理论依据。

图 7.15　卡门涡街

在工程技术中，除输电线在风载下的自激振动以外，高层建筑物或大跨度桥梁在风载荷作用下的自激振动也基于相同的机理。1940 年美国塔可玛桥由于风载导致坍塌就是工程史中典型的自激振动案例（图 1.4）。飞机高速飞行时机翼由于空气动力与弹性变形耦合产生的自激振动称为颤振（flutter）。在日常生活中，风琴和木管乐器的簧片振动，乃至动物和人类声带的振动都是类似的自激振动。

吹口哨、笛子、萧和埙等管乐器的发声是另一种由气体涡旋引发的自激振动。当气流从小孔射出，前方遇到尖劈形物体的阻挡时，气流被迫沿尖劈两侧流动，也会产生卡门涡街引起的振动和声音。这种

图 7.16　边棱音现象

特殊的自激振动称为"边棱音"（edge tone）现象（图 7.16）。振动频率与气流速度成正比，与气流至尖劈的距离成反比。

7.6　管内流体的喘振

在学生宿舍的集体盥洗室里，有时拧开水龙头会突然发生管道振动且伴随有强烈的噪音。这种现象称为管内流体的喘振，是又一种类型的自激振动。

盥洗室里的自来水是先用水泵抽送经过管道注入水箱，然后从水龙头放出。图 7.17 表示出这个过程的简图。设导管的

长度为 l，水面高度为 h，导管和容器的横截面积分别是 S_1 和 S_2，导管左右两端的压强分别是 p_1 和 p_2。其中 p_1 是水泵输出水流的压强，$p_2 = \rho g h$ 由容器内水面的高度 h 确定，ρ 是水的密度。水在导管内单位时间的流量 q 取决于两端的压强差 $p_1 - p_2$ 和管道的阻力 F_d。而流量 q 的大小又反过来决定水面高度 h 的变化率。依据上述物理关系，建立起流量 q 的微分方程

$$\ddot{q} - \frac{f'(q)}{\rho l}\dot{q} + \frac{S_1 g}{S_2 l}(q - q_0) = 0 \tag{7.3}$$

其中 $f(q)$ 函数是表示水泵输出水流的压强 p_1 和阻力 F_d 随流量变化的函数，q_0 是进出水箱的流量保持平衡时的稳态流量（图7.18）。若 q_0 位于图 7.17 中特性曲线的斜率为正的拐点处，令 $x = q - q_0$，函数 $f(q)$ 在 q_0 附近可近似表示为

$$f(q) = f(q_0) + ax - bx^3 \tag{7.4}$$

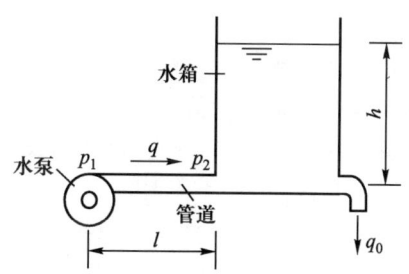

图 7.17 输水管道系统的简化模型

代入方程(7.3)，即化成范德波尔方程

$$\ddot{x} - \varepsilon \dot{x}(1 - \delta x^2) + k^2 x = 0 \tag{7.5}$$

其中 $\varepsilon = a/\rho l$，$\delta = 3b/a$，$k^2 = S_1 g / S_2 l$。于是流体喘振现象也可用范德波尔方程的极限环来解释。在输水管道系统的设计中，应避免正常流量 q_0 与特性曲线 $f(q)$ 的正斜率相对应，以防止喘振现象发生。从图 7.17 可以看出，当正常流量 q_0 介于 q_{01} 和 q_{02} 之间时，才有可能出现喘振。如 $q_0 < q_{01}$，或 $q_0 > q_{02}$，特性曲线 $f(q)$ 的斜率就变成负值，喘振现象就不可能发生。q_{01} 和 q_{02} 是喘

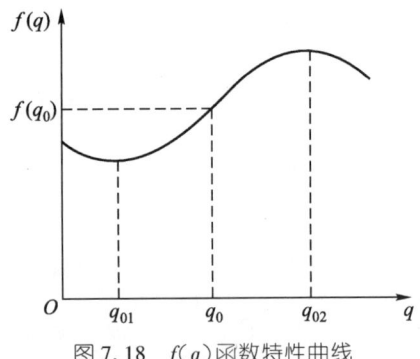

图7.18 $f(q)$函数特性曲线

振能否发生的两个临界值,也可认为是区分两类不同运动性质的动态分岔点。

7.7 汽车转向轮的摆振

汽车在行驶过程中,当路面高低不平时,起转向作用的前轮可能发生不断加剧的激烈摇晃。这种现象也是与干摩擦有关的自激振动,称为转向轮摆振(shimmy)。

设车厢被弹簧支承在底盘上,不平的路面使前轮绕汽车的纵轴左右摇晃,转过的角度为 φ(图7.19a)。行进中的汽车因车轮快速旋转产生动量矩矢量 L,由于上述汽车的摇晃而改变方向,所产生的陀螺力矩 M_z 的大小等于 L 与摇晃角速度 $\dot\varphi$ 的乘积,方向沿垂直轴①。力矩 M_z 激起车身带动车轮绕垂直轴的转动,出现绕垂直轴的角速度 $\dot\psi$ 使汽车转向,使原来的直线轨迹变成曲线(图7.19b)。所产生的离心力作用于轮胎使轮胎变形,向外出现相对接触面的侧移 x(见图7.20和图7.21,阴影区表示接触面积)。对于气压不足的低压轮胎,侧向偏移尤其严重。侧移引起的摩擦力对汽车质心产生绕纵轴的力矩 M_x。M_x 的正方向与转角

---

① 陀螺力矩是旋转中的刚体当旋转轴改变方向时所出现的惯性力矩,由刚体的动量矩 L 和旋转轴转动角速度 ω 的矢量积确定。可参阅文献[14]。

第 7 章 自激振动

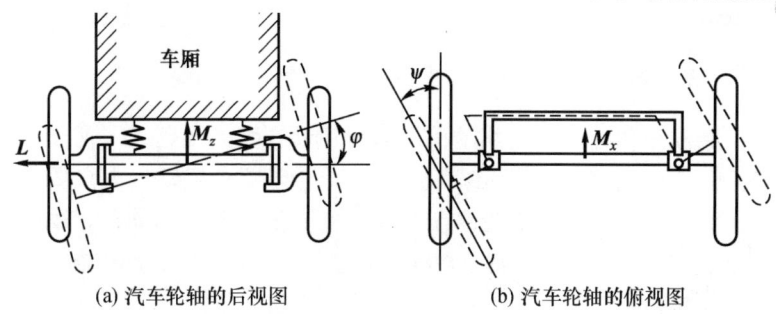

(a) 汽车轮轴的后视图　　(b) 汽车轮轴的俯视图

图 7.19　汽车轮轴的转动

φ 的正方向相反，但由于 ψ 与 φ 之间，以及侧移 x 与转角 ψ 之间都有 $90°$ 相位差，M_x 与 φ 之间接近反相。因此力矩 M_x 与车轮绕纵轴转角 φ 的方向一致，从而加剧了车轮的摇晃。上述车轮绕不同轴转动之间的耦合最终就导致摆振现象发生。在转向轮的自激振动过程中，能源来自行驶中汽车的动能，而陀螺效应和干摩擦力起了调节器的作用。

激烈的转向轮摆振可造成轮胎磨损和零件损坏，甚至导致车辆失控。要防

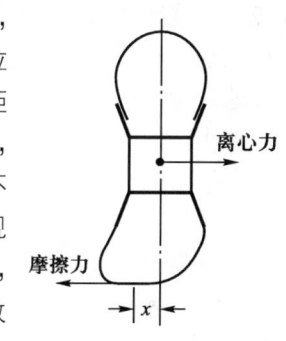

图 7.20　离心力引起的轮胎侧移

止出现这种现象，最根本的方法就是避免因陀螺力矩引起的不同轴转动之间的耦合。例如可采用单独的前轮悬架以消除这种耦合

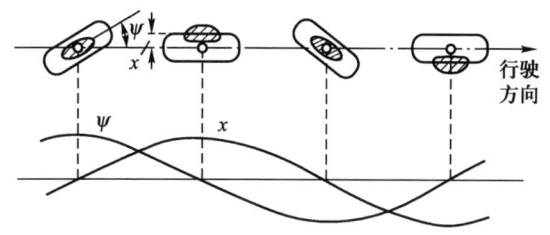

图 7.21　轮胎的转向与侧移的关系

效应。

7.8 荡秋千和振浪

荡秋千作为一种传统的民间体育活动在我国已延续了两千多年(图7.22)。登上秋千的踏板时,秋千会微微摆动。人只要努力控制下肢,完成在高处屈膝下蹲,低处挺身直立的动作,秋千就会越荡越高。秋千从静止到摆动的过程就是在人的主动控制下实现的自激振动。

将秋千简化成一个单摆,人的屈伸动作使单摆的摆长周期性改变。单摆在摆动过程中受重力和系绳拉力的作用。由于单摆做圆周运动时出现离心力,系绳的拉力必大于重力。单摆在最低处圆周速度和离心力最大,拉力也最大,在两端最高处速度为零,拉力最小。因此在最低处直体使摆长缩短,最高处下蹲使摆长增加,则拉力的正功必大于负功,积累起来的能量就使秋千越荡越高(图7.23)。在秋千和人组成的自振系统中,能源和调节器都是由人提供的。

图 7.22 荡秋千

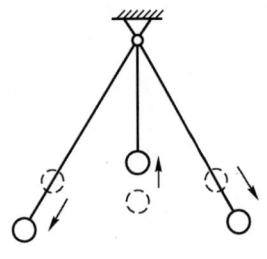

图 7.23 变长度的单摆

第 7 章 自激振动

体操运动员的单杠振浪是与荡秋千运动相似的自激振动。悬挂在单杠上的运动员微微荡起后,在高处做收腹和屈臂的引体向上动作,在低处做挺腹和下肢鞭打动作,使重心与单杠的距离周期性改变。就能使运动员从初始静止的悬垂状态转变为绕横杆的摆动。

如果在秋千上反其道而行之,在高处挺身直立,低处屈膝下蹲,可以设想,秋千必越荡越低,乃至最后停止不动。这一现象在现代航天技术中可被用于消除绳系卫星的振荡。绳系卫星是用细绳联系母星和子星组成的航天器,当母星在确定的轨道中运动时,子星做类似于单摆的运动(图 7.24)。子星从母星释放以后常会出现不衰减的自由振荡。按上述规律控制系绳的长度就能使振荡得到抑制,最终停留在指向地心的稳定位置。

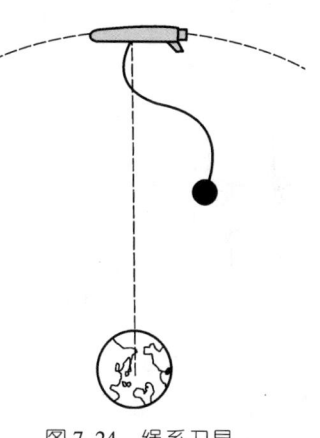

图 7.24 绳系卫星

7.9 张弛振动

在 2.3 节中叙述的简谐振动是最规则的振动规律,但自激振动的波形往往不同于简谐振动。非线性的因素愈大,波形离简谐振动就愈远。以范德波尔方程(7.2)表示的自激振动为例。如方程中的非线性参数 ε 等于零,所代表的运动就是线性系统的自由振动。波形就是正弦规律的简谐振动,在相平面上的封闭相轨迹就是椭圆曲线。ε 较小时,相轨迹和波形与简谐振动尚相差不远。但随着 ε 的增大,封闭的相轨迹愈来愈歪扭,波形也愈来愈偏离正弦规律而逐渐接近锯齿波,速度的波形接近于方波(图 7.25)。

从能量观点分析,当 ε 足够小时,自振系统与保守系统十分

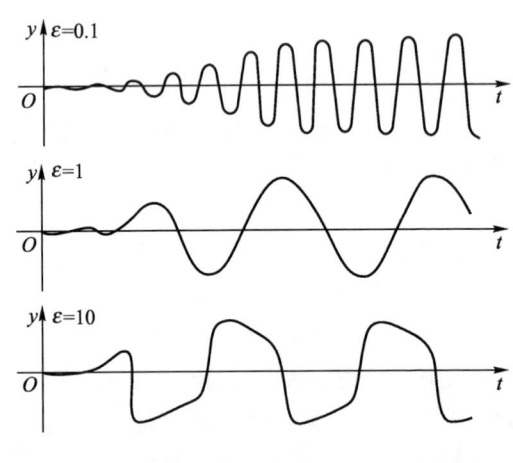

图 7.25 拟简谐振动与张弛振动

接近。保守系统的总机械能由动能和势能组成,在振动过程中能量在动能和势能两个储能器之间周期性交换,表现为振动的简谐性。接近保守系统的自振系统的波形也自然接近正弦曲线。当 ε 极大时,动力学方程(7.2)中的惯性项可以近似地忽略,也可以认为系统总机械能中的动能部分可以忽略。系统只有一个势能储能器,因此自激振动只有两个阶段,即渐进的储能和突然的放能。整个过程是张与弛的交替,这种完全不同于简谐规律的周期运动就称为**张弛振动**。

可用一个直观的模型来解释张弛振动(图7.26)。将虹吸管嵌在漏斗的塞子中,水从水龙头持续地注入漏斗,当水位达到一定高度时,虹吸管开始作用,水由漏斗流出,待水位降到一定高度时,虹吸管停止作用,漏斗又重新积水。水量做锯齿形振荡,总流量做断续振荡而表现出张弛振动的特征。

再以7.5节中叙述的干摩擦自振为例。当琴弓与琴弦粘着时,琴弦的动能固定不变,而弹簧势能不断增加,成为单储能器系统,振动为张弛性。但当弹簧恢复力大于静摩擦力时,琴弦跳

第7章 自激振动

脱琴弓做相对滑动,系统又成为双储能器系统,振动接近简谐性。因此干摩擦自振是简谐振动与张弛振动的综合。从图7.8可以看出,琴弓速度v_0较大时极限环与简谐振动相轨迹区别不大,自激振动的波形和频率均接近自由振动。琴弓速度v_0很小时,张弛阶段在相轨迹中的比例增大,自激振动就更带有张弛性。

如果注意观察,周围世界中的张弛性振动现象还并不少。比如厕所里的水箱出了故障,水一积满阀门就自动开启放水的现象。再比如没关紧的水龙头一滴一滴的漏水过程(图7.27)。图7.26中的虹吸管可用于解释自然界中间歇泉的周期性喷发现象。考虑更大的空间和更长的时间尺度,地球板块之间的挤压所积蓄的能量在一瞬间爆发,引发一场大地震灾难不也是典型的张弛振动吗?

图7.26 张弛振动的原理模型

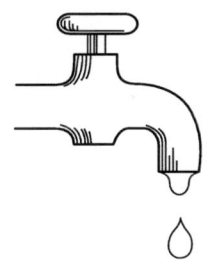

图7.27 水龙头滴水

附录:摆钟的相轨迹

利用相平面方法分析摆钟的运动。令$x = \varphi$,$y = \dot{\varphi}$,在相平面(x, y)内,仅保留摆角x的一次项时,受干摩擦作用的单摆相轨迹与第3章的附录中图3.18表示的受干摩擦作用的振子系统的相轨迹完全相同。设单摆的初始偏角为$x_0 = \xi$,初始角速度为零,相点从初始位置$(\xi, 0)$出发向下移动到$x = \alpha$处。利用式

(3.20)导出对应的角速度 y_1

$$y_1 = -\sqrt{(\xi-B)^2 - (\alpha-B)^2} \quad (7.6)$$

设此时单摆受到擒纵机构的冲击获得能量增量 ΔE,使角速度从冲击前的 y_1 突然增大为冲击后的 y_2。冲击前后的能量关系为

$$\frac{y_1^2}{2} + \frac{\alpha^2}{2} = \frac{y_1^2}{2} + \frac{\alpha^2}{2} + \Delta E \quad (7.7)$$

从中导出

$$y_2 = -\sqrt{y_1^2 + 2\Delta E} \quad (7.8)$$

相点受冲击后从 $(\alpha, -y_2)$ 出发,沿半径增大了的圆继续运动,相轨迹方程为

$$y^2 + (x-B)^2 = y_2^2 + (\alpha-B)^2 \quad (7.9)$$

设相点到达 x 轴时的坐标为 $(-\eta, 0)$(图 7.28)。将式(7.6),(7.8)代入式(7.9),令 $x=-\eta$, $y=0$,导出

$$\eta = \sqrt{(\xi-B)^2 + 2\Delta E} - B \quad (7.10)$$

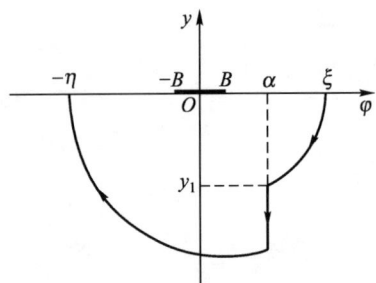

图 7.28 摆钟运动的相轨迹

由于摩擦力使摆动幅度减小,冲击使幅度增大,这两种因素效果相反,其共同作用的结果可以通过 η 和 ξ 的对比作出判断。如 $\eta > \xi$,摆动幅度增大,反之,如 $\eta < \xi$ 则减小。如果 $\eta = \xi$,则相轨迹成为封闭曲线,单摆做等幅摆动。令式(7.10)中 $\eta = \xi$,解出的 η 或 ξ 就是可能存在的封闭曲线的幅度,以下标 S 作为标志

$$\xi_S = \eta_S = \frac{\Delta E}{2B} \tag{7.11}$$

为判断这种可能性，在 (ξ,η) 平面上画出式 (7.10) 表示的函数曲线，再作一条直线 $\eta=\xi$（图 7.29）。此二曲线的交点 S 对应的相轨迹就是封闭曲线，表示单摆做自激振动。根据图 7.28 还可以判断，无论相点的初始坐标 ξ 大于或小于 ξ_S，以后都朝 S 点趋近。证明极限环是稳定的。摆钟只要受到微小的冲击使摆幅到达 $x=\pm\alpha$ 处接受擒纵爪的冲击，就能自动产生并维持稳定的周期运动（图 7.30）。

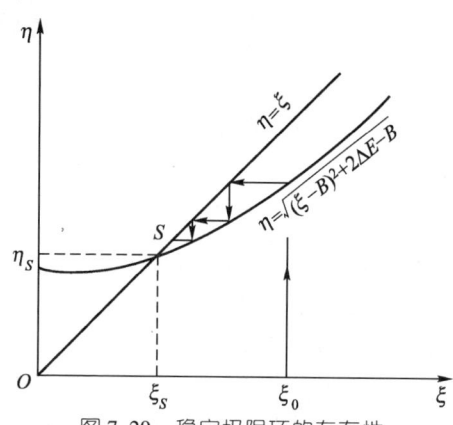

图 7.29 稳定极限环的存在性

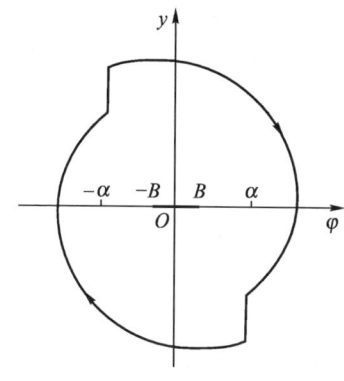

图 7.30 摆钟的极限环

第8章 多自由度振动

8.1 多自由度系统

前面讨论过的所有问题都仅限于单自由度振动,是振动系统最简单的抽象。实际振动系统的自由度常不止一个,具有多个自由度的振动系统就是**多自由度系统**。图 4.4 表示的单摆如考虑悬线的弹性变形,就要用弹簧代替不变形的悬线。考虑弹簧在摆动过程中的伸缩变形,原来的单自由度就变成二自由度(图 8.1a)。两个单摆用弹簧联系起来,原来两个独立的摆动之间就产生耦合,成为二自由度振动系统(图 8.1b)。柔性联结的机械臂可以简化成用由多个弹簧振子串联的多自由度系统(图 8.1c)。将这个系统从横放改为直立,也可以作为多层建筑的简化模型。动力机械中安装在弹性轴上的多个转子,如忽略弹性轴的质量也是类似的串联多自由度系统(图 8.1d)。

实际的机械系统都是连续体,但可以近似地简化成多自由度系统。以梁为例,可将梁平分成两段。设梁的总质量为 m,将每段的质量 $m/2$ 平均分配到各段的两端,就转化成为梁的中点有 $m/2$ 的集中质量,其余质量分散到基座上而予以忽略的单自由度

第 8 章 多自由度振动

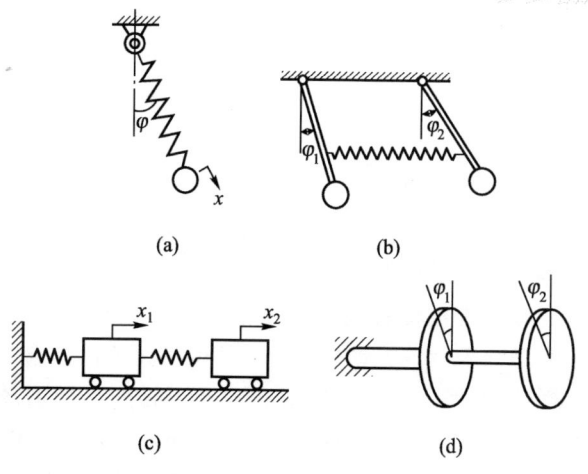

图 8.1 多自由度振动系统

系统(图 8.2a)。这种简化显然过于近似,如要做些改进,也可将梁多分几段,将质点从集中到一点改为集中到两个或更多个点,转变成为二自由度或三自由度系统(图 8.2b,c)。集中质点的数目愈多,就愈接近连续体。

以下以二自由度系统为例,讨论多自由度系统的振动。

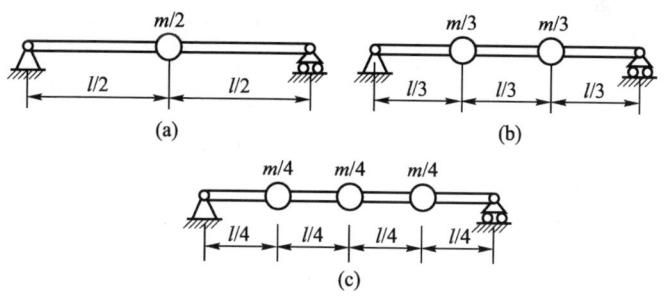

图 8.2 简支梁的集中质量模型

8.2 振动的合成

在有些情况下,可将各个自由度的振动分别独立处理,然后进行叠加。例如用球铰悬挂的单摆可沿两个正交的平面摆动，周期相同且互不影响（图8.3）。再例如地基上安装的设备，如忽略设备振动对地基振动的影响，可以近似地将两种独立的振动叠加。对于这类问题，多自由度系统的振动就近似地简化成多个单自由度系统振动的合成。

如振动的方向相同，且各个振动的周期之间满足整数比例，则合成后的振动仍是周期运动。作为特例，如周期相同而且相位也相同，合成后的振幅就是各个振动的振幅之和（图8.4a）。其中的实线为虚线表示的振动的合成。即使相位不同，合成后的振动仍是周期运动（图8.4b）。如相位相反，合成后的振动就消失为零（图8.4c）。如振动的周期不同，且周期之间不可有理通约时，即不能满足用有理数表示的比例关系时，合成后的运动就不再具有周期性，称为准周期运动。如两个振动的周期不同但非常接近，则合成后的振动周期接近原来周期，但振幅做非常缓慢的周期变化。这种特殊的振动现象称为拍（图8.5的曲线（c）为曲线（a）和（b）的振动合成）。在6.2节关于单自由度系统受迫振动

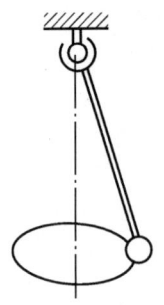

图8.3 球铰悬挂的单摆

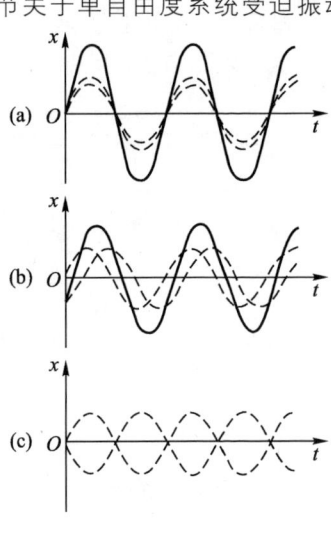

图8.4 同方向振动的合成

第 8 章 多自由度振动

的讨论中,如激励频率和系统的固有频率十分接近,则稳态响应和暂态响应合成后也出现类似的拍运动。

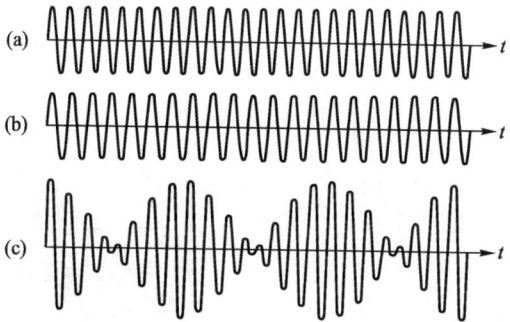

图 8.5 拍现象

方向不同的振动合成比较复杂。图 8.3 表示的球面摆两个方向的振动周期相同,合成后摆的轨迹为椭圆。两个方向不同的初始速度确定不同的椭圆度。图 8.6 为带圆盘的弹性轴同时做弯曲振动和扭转振动情形。作为两种振动合成的结果,盘面上各点位移的大小和方向都不同,构成一幅十分复杂的画面。在圆盘的中心 2 处,弯曲振动产生的位移不受扭转振动的影响。在两侧的 1,3 两点处,弯曲振动和扭转振动产生的位移都沿垂直轴。若 1 点处的方向相同,则 3 点处的方向相反。在顶部的 4 点处,两种振动产生的位移互相正交,合成后的振动的方向和幅值都不断改变。

图 8.7 表示一端固定的矩形截面细杆顶端的振动,是方向不同周期也不同的振动合成。如两个方向的振动周期满足整数比,则合成振动的端点轨迹也是封闭曲线,表明合成后的振动仍是周期运动。轨迹的具体形状取决于两种周期的比例和不同的初始状态,称为利萨如(Lissajous)图形。图 8.8 表示 1∶2 和 2∶3 两种周期比可能产生的各种利萨如图形。在电子技术中,常在示波器上利用利萨如图形测量电讯号的频率。如两个方向的振动周期之比

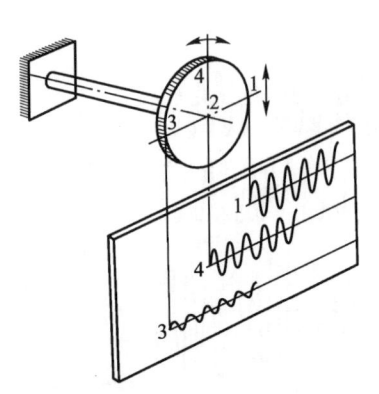
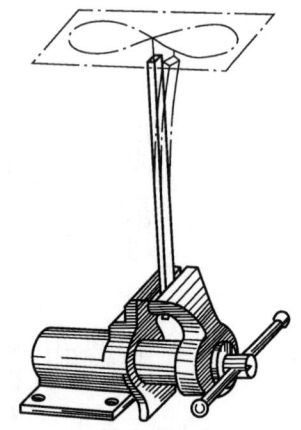

图 8.6　弯曲振动和扭转振动的合成　　图 8.7　矩形截面杆的二维振动

是无理数，振动的轨迹就永不封闭，合成后的运动再也不可能有周期性了。

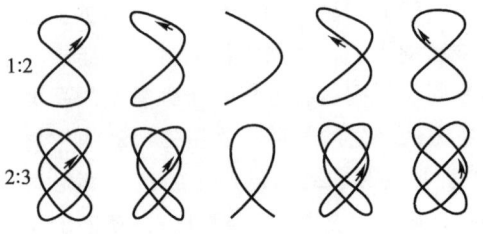

图 8.8　利萨如图形

8.3　汽车的振动

　　汽车在行驶过程中总会有些振动。汽车的车厢通过弹簧支在车架上，车架又通过轮胎支承在地面上。不考虑汽车前进的整体运动，也忽略不平路面对车轮的影响，将车厢简化成一个刚体通过前后两个弹簧与地面固定。可以预计，车厢不仅能上下平动，而且还能做前后俯仰运动。表明汽车的这个简化模型有两个自由度，是二自由度振动系统（图 8.9）。一般情况下，汽车的上下平动和前后俯仰是互相耦合的运动。为便于分析和理解，先将这两种运动区分开来，简化成两个独立的单自由度振动。

汽车的上下平动和第 2 章讨论的振子没什么区别。设汽车的质量为 m，图 8.9 中 l_1 和 l_2 是后轮 A 和前轮 B 距质心 O 的距离，K_1 和 K_2 是后轮和前轮简化成弹簧的刚度系数。将 K_1 和 K_2 相加就是并联弹簧的总刚度。令 $K_1 = K$，$K_2 = 2K$，

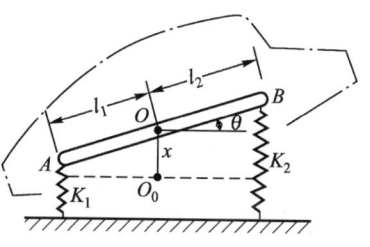

图 8.9　汽车的二自由度模型

$l_1 = l$，$l_2 = 2l$，质心 O 偏离固定点 O_0 的距离为 x，直接利用式 (2.7) 写出上下振动的固有角频率，用 ω_1 表示为

$$\omega_1 = \sqrt{\frac{K_1 + K_2}{m}} = \sqrt{\frac{3K}{m}} \tag{8.1}$$

再来看汽车的前后俯仰运动，也就是绕汽车质心的转动。设 Oz 轴是过 O 点与运动平面垂直的坐标轴。当汽车绕 Oz 轴转动 θ 角时，A 点和 B 点的位移分别为 $-l_1\theta$ 和 $l_2\theta$。设汽车相对 Oz 轴的转动惯量为 J，利用刚体对 Oz 轴的动量矩定理，列出与式 (4.8) 类似的动力学方程

$$J\ddot{\theta} + (K_1 l_1^2 + K_2 l_2^2)\theta = 0 \tag{8.2}$$

前后俯仰的固有角频率 ω_2 可仿照式 (4.9) 得出。为使计算简单些，设 $J = ml^2$，得到

$$\omega_2 = \sqrt{\frac{K_1 l_1^2 + K_2 l_2^2}{J}} = 3\sqrt{\frac{K}{m}} \tag{8.3}$$

根据以上分析，汽车可能存在两种特殊的振动模式：

1. 频率为 ω_1 的上下平动振动，
2. 频率为 ω_2 的绕质心的俯仰振动。

在振动力学中，这种特定的振动模式称为**模态**。用俯仰运动坐标 θ 和平动坐标 x 的振幅比例表示模态。为使两种振动模式的量纲

相同以便于比较，将 θ 乘以 l，用位移 $l\theta$ 代替转角 θ。则上述两种模态分别表示为 $(0,1)$ 和 $(1,0)$。

上面的分析虽然简单，但这两种运动模式只有在弹簧刚度相同，而且与质心距离相等的特殊条件下才可能独立存在。一般情况下，汽车的平动和转动总是互相耦合的。比如汽车做平动时，两边的弹簧如刚度不同反力就不同，所产生的力矩就会影响绕质心的转动。反之，汽车做俯仰运动时，弹簧产生的合力会影响质心的运动。因此更准确的分析必须在考虑耦合现象的动力学方程基础上进行。分析的结果得到汽车更准确的固有频率

$$\omega_1 = 1.326\sqrt{\frac{K}{m}}, \quad \omega_2 = 3.200\sqrt{\frac{K}{m}} \quad (8.4)$$

这个计算结果不同于式（8.1），（8.3）的近似结果，但还有些接近，不过模态的区别就很大。为便于比较，将 x 坐标的振幅取作 1。算出的两种频率对应的模态分别是 $(-0.41,1)$ 和 $(2.41,1)$，如图 8.10 所示。图中的一阶模态以平动为主，同时绕杆外一点 N_1 做小振幅转动。2 阶模态以绕杆上的 N_2 点转动为主，同时有小振幅平动。系统按不同模态所实行的振动称为**主振动**。汽车可能发生的所有振动都可看做是两种主振动的合成。具体的运动情况取决于初始的运动状态。上述在主振动中保持不动的 N_1 和 N_2 点称为**节点**。在汽车里坐在靠近节点的座位上，受到的颠簸程度最轻微。

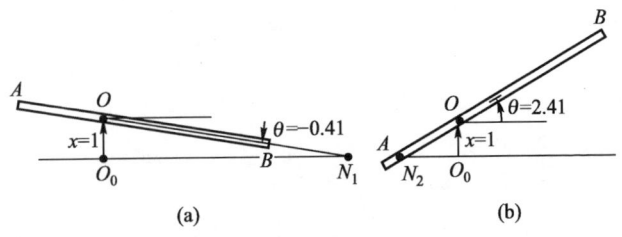

图 8.10　汽车的两种振动模态

根据以上分析可以看出，对多自由度振动系统的分析不能轻易解除各自由度之间的耦合。

8.4 弹簧耦合的双摆

设有两个相同的单摆，质量和摆长都是 m 和 l。用一根刚度系数为 K 的弹簧将两个单摆联系起来，连接点与支点 O_1 或 O_2 的距离都是 a，原来独立的两个单摆就被耦合成为二自由度双摆系统，如图 8.11 所示。

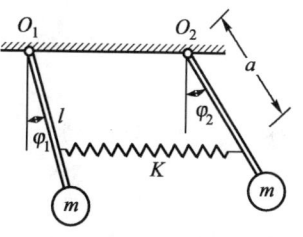

图 8.11 双摆系统

双摆的摆动是互相耦合的运动。为使分析过程简化，选择两种可能出现的特殊摆动模式。第一种情况是两个摆做同相位的摆动，运动状态完全相同（图 8.12a）。由于弹簧始终处于无变形的松弛状态，运动规律与两个单独的单摆没有什么不同。可直接套用单摆的固有频率公式（4.3），用 ω_1 表示为

$$\omega_1 = \sqrt{\frac{g}{l}} \tag{8.5}$$

第二种情况是两个摆做相位相反的摆动，运动状态互相对称（图8.12b）。弹簧的中点 O 在摆动过程中始终位置不变，可看做是一个固定点。于是双摆就转化为增加了弹簧约束的两个独立摆动的单摆。不过由于弹簧的长度是原长度的一半，弹簧刚度增加了一倍。在单摆的动力学方程（4.2）中增加弹簧约束力对 O_1 或 O_2 点的力矩 $2ka^2$，列出

$$ml^2\ddot{\varphi} + (mgl + 2Ka^2)\varphi = 0 \tag{8.6}$$

对应的固有频率为

$$\omega_2 = \sqrt{\frac{g}{l} + \frac{2Ka^2}{ml^2}} \tag{8.7}$$

双摆的两种摆动模式,也就是两种模态的振幅比分别为(1,1)和(-1,1)。

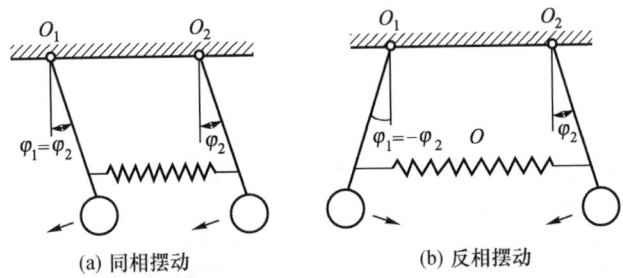

(a) 同相摆动　　　　　(b) 反相摆动

图 8.12　两种特殊模态的摆动

双摆的实际运动是两种模态的组合,具体的运动情况取决于初始运动状态。如弹簧足够柔软,刚度系数 K 是很小的量,则两个固有频率 ω_1 和 ω_2 非常接近。根据 8.2 节的分析,两种主振动叠加后双摆的振幅发生缓慢的周期性改变,表现为与图 8.5 类似的拍运动。两只单摆的拍运动之间有 $\pi/2$ 的相位差,即振幅交替地变大和变小。图 8.13 表示两只摆的拍运动之间的相互关系,图中振幅逐渐衰减是考虑实际存在的阻尼因素的结果。当一只摆到达振幅为零的节点时另一只摆恰好是振幅最大的波腹。反过来也是如此(图 8.14)。在拍运动过程中,单摆的动能通过弹簧周期性地传递给另一只单摆,忽略阻尼因素时总能量保持不变。

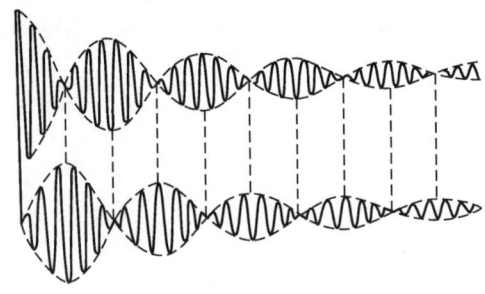

图 8.13　频率相近双摆的拍运动

第 8 章　多自由度振动

通过以上对汽车和双摆的分析，关于多自由度系统的振动可以归纳出以下几点结论：

1. 多自由度系统有多个固有频率，频率数目等于自由度的数目。

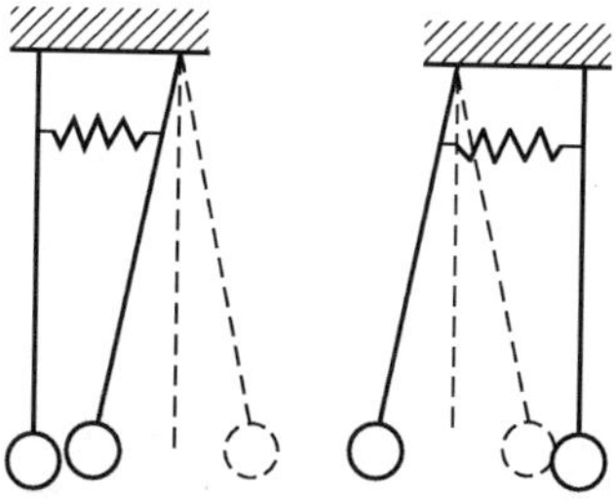

2. 与每个固有频率相对应，各个坐标的自由振动的振幅之间有确定的比例。振幅的这种比例关系称为模态。每个固有频率对应于各自的模态。

图 8.14　双摆之间的能量传递

3. 系统单独以各个固有频率和模态所做的振动称为主振动。多自由度系统实际发生的振动是多个主振动的组合。

8.5　动力吸振器

设质量为 m_1 的物体通过刚度为 K_1 的弹簧支承在地面上，同时用刚度为 K_2 的弹簧与质量为 m_2 的物体相联结，构成图 8.1c 类型的二自由度振动系统（图 8.15）。这类系统的自由振动和受迫振动规律在附录中有具体推导。从附录中的式（8.16）可看出，当作用在物体 m_1 上的激励力的频率恰好等于物体 m_2 的固有频率，即 $\omega = \sqrt{K_2/m_2}$ 时，物体 m_1 的受迫振动振幅等于零。这一现象可被利用来消除物体的受迫振动。只需在消振对象上用弹簧附加一个小振子，让小振子的固有频率和外界的激励频率相等。则激励力只能激发起小振子的激烈振动，而直接受激励的物体却纹丝不动。从能量观点分析，由于激励频率与小振子 m_2 的固有频率相等，使小振子处于共振状态，所产生的惯性力与激励力平衡，吸收了外界激励的全部能量，

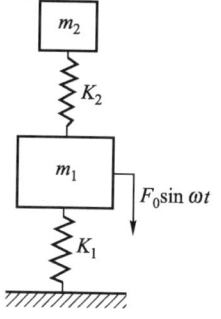

图 8.15　二自由度振子系统

m_1物体的振动就被抑制为零。这种消除振动的方法称为**动力吸振器**。

动力吸振器的原理是 1928 年由美国的奥蒙德罗伊德(Ormondroyd, J.)和邓哈托(Den Hartog, J. P.)提出的。由于不需要消耗能源就能达到消除振动的效果,动力吸振器是很理想的消振方案。在实际应用方面,邓哈托在他的机械振动著作里曾举出理发电推子的一个有趣例子(图 8.16)。此外,动力吸振器可以用来消除旋转轴的扭转振动。图 8.17 是在内燃机的曲柄轴上安装一个可绕旋转轴转动的弹簧振子作为吸振器的例子,弹簧振子的固有角频率被调整得与旋转轴的临界转速相等。

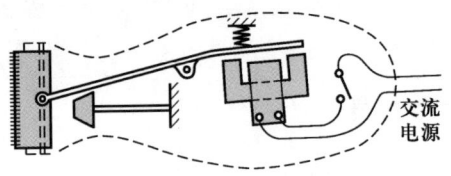

图 8.16 带吸振器的理发推子

一个更为现代化的巨型动力吸振器出现在台北的 101 大楼。这个大楼以 448 米的楼顶高度曾一度成为世界第一高楼。因为楼层太高,很容易受到风力影响产生摇晃(图 8.18)。若不加控制,顶端摆动的加速度可达到 6 cm/s^2 以上而超过允许范围。为减小风载下的摇晃效应,设计者采用了动力吸振器方案。这个吸振器的主体是一个巨大的钢球。

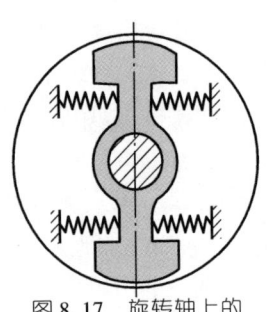

图 8.17 旋转轴上的动力吸振器

钢球的直径 5.5 米,质量 660 吨,用 4 根粗大的钢索悬挂在大楼内部形成一个大单摆(图 8.19)。将单摆的周期设计成与大楼主体结构的基频相等,即大约 6.8 秒。利用单摆周期公式(4.7)计算,单摆的长度应设计成 11.5 米。当阵风吹向大楼时,由于吸振器的存在,可以避免大楼产生基频附近的共振。

图 8.18　台北 101 大楼

图 8.19　大楼内部的动力吸振器

8.6　串联的双摆

双摆也能以串联方式耦合,教堂里悬挂的钟和钟舌就是这样的双摆(图 8.20)。设两个单摆 P_1 和 P_2 的质量和摆长分别为 m_1,m_2 和 l_1,l_2,相对垂直轴的转角分别为 φ_1 和 φ_2,P_1 悬挂在固定点 O_1 上,P_2 悬挂在 P_1 上,悬挂点 O_2 距 O_1 点的距离为 a(图 8.21)。如 $a=0$,两个单摆的摆动就各自独立,角频率分别为 $\omega_{i0}=\sqrt{g/l_i}\,(i=1,2)$。支点距离 a 的存在是使两只单摆产生耦合的条件。一般情况下,图 8.20 中的钟和钟舌不支在同一点,总是做相互耦合的摆动。正确设计的钟应避免使钟和钟舌出现频率和相位相同的摆动,否则钟舌永远碰不到钟,这钟也就无法敲响了。设 $a \ll l_1$,仅保留 a/l_1 的一次项,可以算出双摆的固有角频率

$$\omega_1 = \omega_{10}\sqrt{1 + \frac{m_2 a}{m_1 l_1}}, \quad \omega_2 = \omega_{20} \tag{8.8}$$

其中 ω_2 与 P_2 摆的固有频率 ω_{20} 接近相等,误差是 a/l_1 的 2 次以上小量。

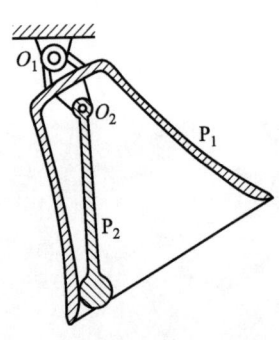

图 8.20 钟和钟舌

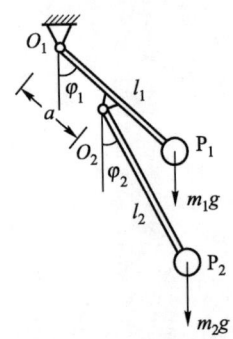

图 8.21 串联的双摆

假如将 P_2 摆的固有频率 ω_{20} 设计成与激励频率相等,则 P_2 也可作为 P_1 的动力吸振器。例如图 8.15 中用于消除旋转轴振动的弹簧振子就可用一个离心摆来代替(图 8.22)。离心摆和普通复摆相似,只是普通复摆起恢复力作用的重力被旋转产生的离心力代替。离心摆吸振器的一大优点是离心力随转速改变,因此摆的固有频率也随转速改变,当转速变化时仍可起吸振作用。

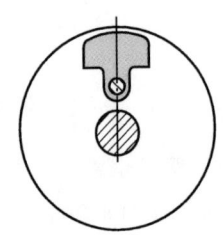

图 8.22 离心摆式动力吸振器

8.7 船舶稳定器

海洋中的船舶在波浪冲击下的摇摆是经常发生的现象。根据 4.7 节的分析,船舶摆动的动力学方程和复摆完全相同(图 4.18)。要使船舶在水中保持稳定,重心必须位于浮心的下方,才能使重力起到恢复力作用。船体在波浪的激励下做受迫振动,当频率接近船体的固有频率时，就出现激烈摆动的共振现象。

为消除船舶的摇摆，1911年德国工程师弗拉姆(Frahm,H)设计了一种稳定装置，这种船舶减摇方法最早曾出现在1889年的纽约港。弗拉姆改良后的稳定装置由两个水箱组成，水箱的一半充满水，下方用管道连通，上方用带阀门的空气管连通(图8.23)。水在水箱之间的流动使摇摆的船舶增加了一个自由度。当船体向一侧倾斜时，水箱里的水会自动朝相反的另一侧流动。按照液体在管道内的流动规律，液体的流动和船体摇摆之间有接近90°的相位差，于是两侧不相等的水量产生与摇摆趋势相反的力矩，形成如图1.2e所示的U形管类型的重力摆。不等水量的重力矩传递到船体，就能减小船体的摇摆(图8.24)。

弗拉姆减摇水箱是一种被动式的稳定装置，不需要消耗能源。它对稳定性较差的船舶很有效，能消除50%的船体摇摆。但对稳定性较好的船舶效果就十分有限，而且占据船舶的空间太大，所以自二战以后已不再使用。船舶的稳定改为用水泵控制水流方向的主动式减摇水箱，或者利用快速旋转转子的陀螺效应作为稳定器。

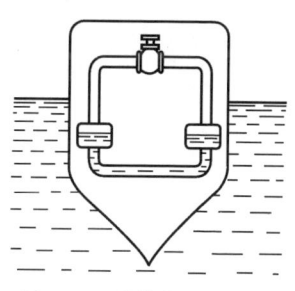

图8.23 弗拉姆减摇水箱

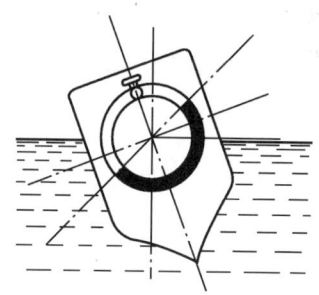

图8.24 水箱的减摇作用

8.8 游离的振动系统

实践中有些振动系统处于不固定的游离状态。例如图8.1d表示的受轴承支承的转子系统可以自由旋转而不受约束。再例如

图 8.1c 表示的串联振子系统，如将与固定基座的联系断开就成为列车的简化模型，它在轨道上的运动也是处于游离状态（图 8.25）。由于不存在与固定基座的联系，系统的刚体位移不受任何约束。因此游离状态的系统振动往往伴随大幅度的刚体位移。

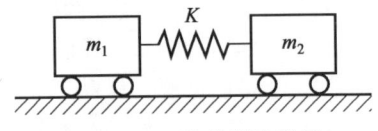

图 8.25　列车的简化模型

以附录中讨论的二自由度振子系统为例，将联系固定基座的弹簧断开，令 K_1 等于零，则 $\omega_{10}=0$。根据附录中的式（8.12），可导出游离振动系统的固有频率

$$\omega_1 = (1+\mu)\frac{K_2}{m_2}, \qquad \omega_2 = 0 \tag{8.9}$$

零固有频率的存在是游离振动系统的主要特点。零固有频率表示周期无限长，也就是运动已不具有往复性的刚体位移。讨论游离系统的振动时，如果建立一个与刚体运动同步的坐标系，则系统相对这个动参考坐标系的振动就完全免除了刚体位移的影响。因此对于游离状态的振动系统，可减去一个刚体位移的自由度使分析简化。

附录：二自由度系统的振动

讨论图 8.15 中的质量为 m_i，弹簧刚度为 $K_i(i=1,2)$ 的串联二自由度振动系统。先讨论自由振动。设物体 m_i 的位移为 $x_i(i=1,2)$，建立系统的动力学方程

$$\begin{aligned} m_1\ddot{x}_1 + (K_1+K_2)x_1 - K_2x_2 &= 0 \\ m_2\ddot{x}_2 - K_2x_1 + K_2x_2 &= 0 \end{aligned} \tag{8.10}$$

将指数函数特解 $x_i = a_i\sin\omega t (i=1,2)$ 代入方程组，导出固有频率 ω 的特征方程

$$\begin{vmatrix} K_1 + K_2 - m_1\omega^2 & -K_2 \\ -K_2 & K_2 - m_2\omega^2 \end{vmatrix} = 0 \qquad (8.11)$$

引入 $\omega_{i0} = \sqrt{K_i/m_i}\,(i=1,2)$，$\mu = m_2/m_1$，将上式展开后化作

$$\omega^4 - [\omega_{10}^2 + (1+\mu)\omega_{20}^2]\omega^2 + \omega_{10}^2\omega_{20}^2 = 0 \qquad (8.12)$$

此代数方程的根确定系统的固有频率。如两个物体的质量相差较悬殊，$m_1 \gg m_2$，忽略 $\mu = m_2/m_1$ 的 2 次以上小量，导出

$$\omega_1 = \sqrt{\omega_{10}^2 + \omega_{20}^2}, \qquad \omega_2 = \omega_{10}\omega_{20}\sqrt{\frac{\mu}{\omega_{10}^2 + \omega_{20}^2}} \qquad (8.13)$$

将 $x_i = a_i\sin\omega_i t\,(i=1,2)$ 代入方程组中的方程之一，令 $a_2 = 1$，导出 a_1，改用 ϕ_i 表示，得到

$$\phi_i = 1 - \left(\frac{\omega_i^2}{\omega_{20}^2}\right) \quad (i=1,2) \qquad (8.14)$$

则各个固有频率对应的振动模态为 $\phi_i = (\phi_i, 1)$。

再讨论受迫振动。设在物体 m_1 上受到频率为 ω 的简谐力 $F_0\sin\omega t$ 的激励，受迫振动方程为

$$\begin{aligned} m_1\ddot{x}_1 + (K_1 + K_2)x_1 - K_2 x_2 &= F_0\sin\omega t \\ m_2\ddot{x}_2 - K_2 x_1 + K_2 x_2 &= 0 \end{aligned} \qquad (8.15)$$

受迫振动规律由方程组的以下特解表示：

$$x_1 = \frac{F_0(K_2 - m_2\omega^2)}{\Delta(\omega^2)}\sin\omega t, \qquad x_2 = \frac{F_0 K_2}{\Delta(\omega^2)}\sin\omega t \qquad (8.16)$$

此处的 ω 为激励频率，函数 $\Delta(\omega^2)$ 为

$$\Delta(\omega^2) = m_1 m_2 \omega^4 - [m_1 K_2 + m_2(K_1 + K_2)]\omega^2 + K_1 K_2 \qquad (8.17)$$

第9章 连续体的振动

9.1 弦的振动

前面几章所讨论的单自由度或多自由度系统，都是由有限个坐标表示的系统。在这些系统中，物体的质量被集中成单个或有限个质点，恢复力和阻尼力也简化成单个或有限个弹簧和阻尼器。但是实际振动物体的质量、刚度和阻尼往往是连续分布的。这种有无数个自由度的系统就是**连续体**。质量沿长度分布的弦线是最简单的一维连续体。

弦的弹拨发音是典型的自由振动。早在公元前6世纪，希腊的毕达哥拉斯就已经认识到弦振动的固有频率与弦的粗细和长度之间的关系。比毕达哥拉斯更早些的年代，在我国春秋中期，管仲撰写的《管子·地员篇》中，已有对弦线振动规律的文献记载。17世纪法国僧人马森(Mersenne, M.)作了许多弦振动规律的实验研究。

第8章关于多自由度系统振动的分析表明，自由度愈多，固有频率也愈多。连续体有无数个自由度，就应该有无数个固有频率。1713年英国数学家泰勒(Taylor, B)导出了弦振动频率的数学

第 **9** 章 连续体的振动

公式：

$$f_i = \frac{i}{2l}\sqrt{\frac{F}{\rho S}} \quad (i = 1, 2, \cdots) \tag{9.1}$$

式(9.1)中的序号 i 表示频率的阶数，f_i 为弦的第 i 阶振动频率。ρ，S，l，F 依次表示弦的密度、截面积、长度和张力。古人从实际观测获得的关于弦振动的所有经验都能用这个理论公式作出解释。在所有的频率中，$i=1$ 的最低阶固有频率称为**基频**，是最重要的固有频率。因为频率愈高的振动所占的成分愈小。虽然理论分析认为连续体的固有频率有无限多个，实际上考虑有限个前几阶频率就已足够。

每阶固有频率对应着确定的振动形态，也就是连续体的模态（图 9.1）。弦的振动是各阶模态振动的总和。在第 10 章中还将说明，连续体的模态也就是连续体的驻波。将模态中位移最大的点称为波腹，位移为零的点称为节点。可以看出，弦的模态中波腹的数目与阶数 i 相等，除两端固定点以外，节点的数目等于波腹数减去 1。因此波腹和节点的数目随着模态阶数的升高而增加。

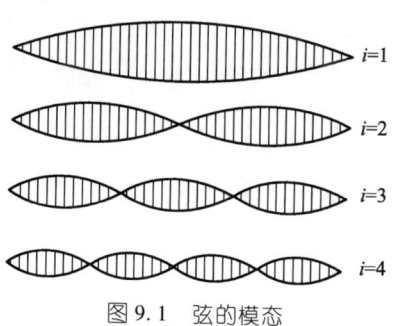

图 9.1 弦的模态

9.2 梁的弯曲振动

细细的弦线很柔软，仅能承受拉力，可以不受阻碍地弯曲变形。弹性杆也是一维连续体，但杆的截面比弦粗得多，也刚硬得多，必须用力才能使杆弯曲。弹性杆是建筑结构的基本构件，通常将横的杆称为梁，竖的杆称为柱。但更确切的分类应根据载荷对杆的作用方向来划分。梁的载荷与杆轴线正交，柱的载荷与杆轴线一致。按照这种划分方法，不仅承受重力的屋梁和桥梁，所有受横向载荷的竖杆，例如受风载的桅杆、输电线塔和电视塔也都应看做是梁。

梁是应用范围最广，也是历史最古老的建筑构件。早在秦汉时期古人就已用石梁造桥，2005 年完工的东海大桥总长 32.5 公里，成为世界上最长的桥梁。研究梁振动的力学问题对于桥梁设计有极其重要的意义。第 1 章和第 7 章都提到过的 1940 年美国塔可马吊桥因风载引起振动而坍塌的事故已成为典型的工程案例。

梁有各种支承方式，最常见的两种就是简支梁和悬臂梁。两端支承的简支梁是屋梁和桥梁中最常见的支承方式。悬臂梁是一端固定，一端自由，全部载荷都由固定端承受的梁。北魏时期的恒山悬空寺就坐落在半插进岩石的悬臂梁上（图 9.2）。战国时期在悬崖峭壁上凿出孔穴，插上木桩修建的栈道是更古老的悬臂梁。飞机的机翼是现代工程技术中的悬臂梁。

图 9.2　恒山悬空寺

关于梁的研究伽利略可能是最早的先行者（图 9.3）。由于与工程问题联系密切，与梁有关的力学分析已形成完善的理论。梁受力后产生弯曲变形的程度可以用梁中心线变形后的曲率 κ 表示。截面抵抗弯曲的力矩称为弯矩，曲率 κ 愈大弯矩 M 就愈大，它们之间存在比例关系

第9章 连续体的振动

$$M = EI\kappa \tag{9.2}$$

比例系数 EI 称为杆的抗弯刚度，是表示杆抵抗弯曲变形能力的物理量。其中 E 是杆的弹性模量，I 是杆截面相对中性轴的二次矩。为解释什么是中性轴，假设杆弯曲时每个截面都保持为平面，弯曲变形使得截面的内侧受压缩外侧受拉伸，则中性轴就是压缩和拉伸的分界线。截面的二次矩 I 是截面上每个点的微元面积与中性轴距离平方的乘积之和。几种典型截面的二次矩在图9.4 中给出。

图9.3 伽利略著作中的悬臂梁插图

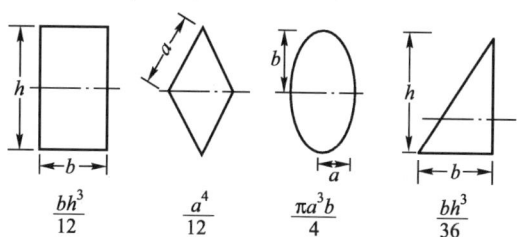

图9.4 几种典型截面对过形心横轴的二次矩

在简支梁的中点或悬臂梁的自由端放上砝码作为载荷,梁的弯曲变形使作用点产生位移z,称为梁的挠度(图9.5)。位移z与载荷F之间满足线性关系,与图2.3表示的弹簧变化规律相同。忽略梁的质量,就可将弹性梁看成是与弹簧等同的元件,即第1章的图1.1中列出的弹性元件之一。将载荷F除以变形z,就是梁作为弹性元件的刚度系数K,由梁的抗弯刚度EI、长度l和支承方式确定。例如简支梁和悬臂梁的刚度系数就是

$$\text{简支梁:} K = \frac{48EI}{l^3}, \quad \text{悬臂梁:} K = \frac{3EI}{l^3}$$

梁的材料愈刚硬,长度愈短,梁的刚度系数就愈大。材料和长度相同时,简支梁的刚度系数比悬臂梁大16倍,可见梁的支承方式也是影响刚度系数的重要因素。

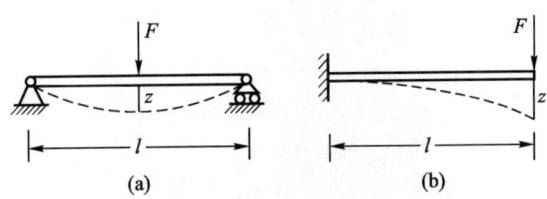

图9.5 简支梁和悬臂梁

敲击一下梁便产生自由振动。梁振动的特点是反复的弯曲变形。如果振动频率比较高,也能像弦一样发出声音。要分析梁的弯曲振动就必须考虑梁的质量。因此梁振动的固有频率不仅取决于刚度系数,而且与梁的密度有关。简支梁和悬臂梁的固有频率公式为

$$\text{简支梁:} f_i = \frac{i\pi}{2l^2}\sqrt{\frac{EI}{\rho S}} \quad (i=1,2,\cdots) \qquad (9.3\text{a})$$

$$\text{悬臂梁:} f_i = \frac{i\pi}{8l^2}\sqrt{\frac{EI}{\rho S}} \quad (i=1,2,\cdots) \qquad (9.3\text{b})$$

与弦的固有频率公式(9.1)比较,根式中弦的张力F被梁的

抗弯刚度 EI 代替，分母中与长度 l 有关的系数改成平方值。梁也有无数个固有频率。$i=1$ 的最低阶频率是梁的基频。由于弦或梁的长度 l 或长度的平方都出现在分母上，因此长度愈长频率就愈低。抗弯刚度愈强，单位长度的质量愈小频率就愈高。

图 9.6 表示材料、长度和截面都相同，但支承方式不同的 3 种梁。即悬臂梁、简支梁和两端固定梁。如悬臂梁的固有频率为 10 Hz，则随着约束程度的增加，简支梁和两端固定梁的固有频率分别升高为 40 Hz 和 80 Hz。

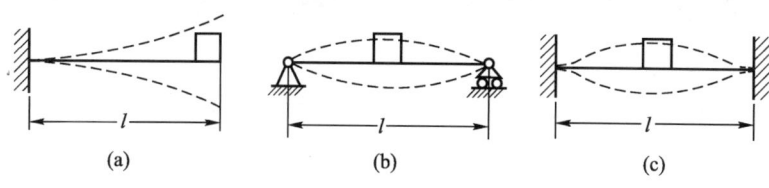

图 9.6 不同支承方式梁的固有频率

图 9.7 中悬臂梁的长度相同，矩形截面的尺寸也相同，分别用木材、铝材和钢材制造。如木梁的固有频率为 10 Hz，则铝梁和钢梁的固有频率分别升高为 26.4 Hz 和 44.7 Hz。

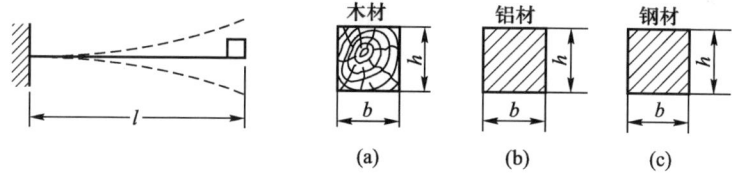

图 9.7 不同材料的悬臂梁固有频率

图 9.8 中的悬臂梁有 4 种不同的截面形状，如圆截面梁的固有频率为 10 Hz，则正方形、矩形和工字形截面梁的固有频率分别为 10.3 Hz，20.9 Hz 和 52.6 Hz。

梁的各个固有频率都与确定的模态相对应，不同支承状况的梁有不同的模态，如图 9.9 所示。与弦的情况相同，梁的各阶模

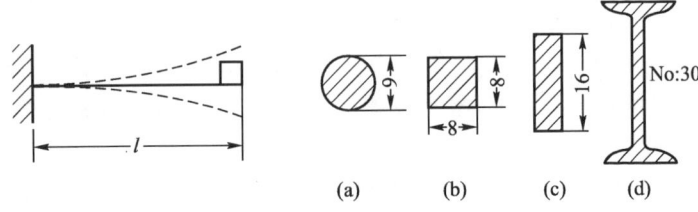

图 9.8 不同截面的悬臂梁固有频率

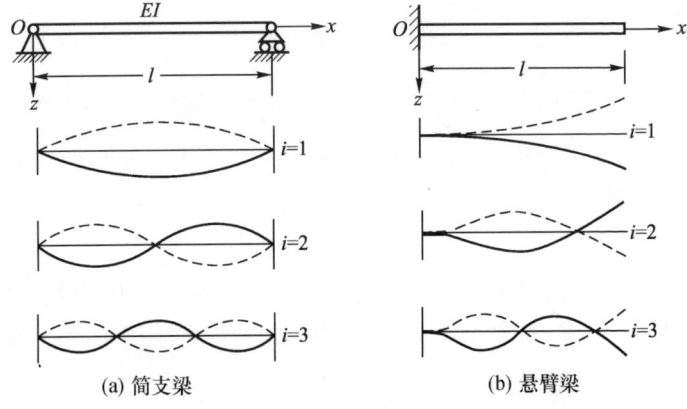

(a) 简支梁　　　　　　　　(b) 悬臂梁

图 9.9 梁的模态

态也都表现为驻波。波腹和节点的数目也随阶数 i 而增多。

将梁弯成弧形就成为曲梁，也称为拱，是门廊和桥梁的主要构件。与直杆类似，拱的各阶固有频率也分别有确定的模态与之相对应（图 9.10）。

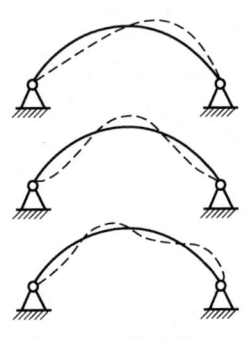

图 9.10 拱的模态

第 9 章 连续体的振动

9.3 轴的扭转振动

在各种动力机械系统中,安装转子的弹性轴常发生扭转振动。例如发动机的主轴、船舶或飞机上的螺旋桨轴,扭转振动都难以避免。在图 9.11 中,半径为 r,长度为 l 的弹性轴一端在 O 点固定,另一端在 A 点连接一圆盘形转子。当转子带动 A 点的弹性轴截面绕弹性轴的轴线转过 φ 角时,弹性轴就产生扭转变形。从 O 点到 A 点,各个截面的扭转角从零逐渐增大到 φ。变形后弹性轴产生的扭矩 M 与扭转角 φ 成正比,它们之间存在比例关系

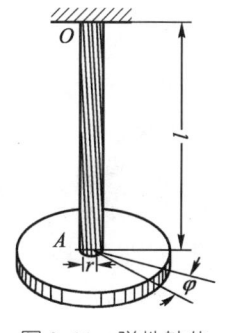

图 9.11 弹性轴的扭转变形

$$M = GI_p \varphi \quad (9.4)$$

式中的比例系数 GI_p 称为轴的抗扭刚度,是表示轴抵抗扭转变形能力的物理量。其中 G 是杆的剪切弹性模量,I_p 是轴的截面相对中心的二次极矩。也就是截面上每个点的微面积与中心距离平方的乘积之和。对于半径为 r 的圆截面轴,$I_p = \pi r^4 / 2$。

一般情况下,弹性轴上安装的转子质量要比弹性轴的质量大得多。讨论转子在弹性轴恢复力作用下的扭转振动时,可以忽略轴的质量,将弹性轴看成是与弹簧等同的弹性元件,即第 1 章的图 1.1 表示的弹性元件之一。于是转子的扭转振动就简化成如图 8.1(d) 所示的多自由度振动系统。设转子相对旋转轴的转动惯量为 J,扭转振动的固有频率就是

$$f = \frac{1}{2\pi}\sqrt{\frac{GI_p}{J}} \quad (9.5)$$

如果要讨论弹性轴本身的扭转振动,就必须考虑轴的质量。除去轴上的转子,将轴的一端转过 φ 角后突然放开,弹性轴就绕轴线做往复的扭转自由振动。振动的固有频率为

$$f_i = \frac{i}{2l}\sqrt{\frac{G}{\rho}} \quad (i = 1, 2, \cdots) \tag{9.6}$$

和其他连续体自由振动的情况相同，弹性轴的扭转振动也有无数个固有频率。

9.4 参数振动

携带转子的弹性轴在旋转过程中，也能产生以轴承为支座的弯曲振动。讨论弹性轴的弯曲振动时，弹性轴就必须当成是弹性梁。圆截面的弹性轴对各个方向都有相同的抗弯刚度，由不同方向的弯矩所产生的弯曲变形也相同。在 6.4 节中分析旋转机械的临界转速问题时，就是将弹性轴看成是忽略质量的弹性梁，产生与弹簧等效的恢复力施加在转子上。

在具体的机械系统中，旋转轴可能由于挖去键槽或嵌线槽而偏离圆形(图9.12)。这种截面形状不对称的弹性轴在旋转过程中，就某个固定方向而言，抗弯刚度就不再是常值，而是随时间周期性变化，变

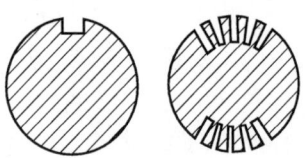

图9.12　弹性轴的非圆截面

化的角频率就是轴的转速。如果列写弯曲振动的动力学方程，方程中的抗弯刚度就是时间的周期函数。于是作为线性振动理论基础的常系数线性常微分方程理论就失去依据。这种由于物理参数周期性变化所引起的振动称为**参数振动**。

1831 年英国化学家法拉第(Faraday, M)最早发现参数振动现象，他观测到充液容器做垂直方向振动时，液体自由表面的波动周期是容器振动的固有频率的二倍。1859 年麦尔德(Melde, F.)将弦张紧在音叉和固定端之间，当音叉的振动频率接近弦振动的固有频率的二倍时，就能观察到剧烈的振动现象(图9.13)。类似的现象也发生在支点上下振动时的单摆运动。当支点振动频率是某个确定值时，可以使倒立的单摆保持稳定(图9.14)。在工

第 **9** 章 连续体的振动

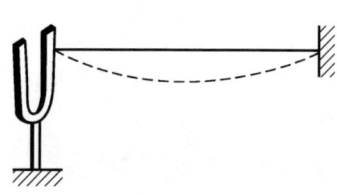
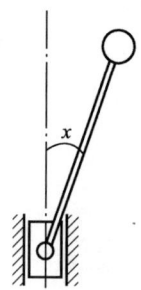

图 9.13　张紧在音叉上的弦振动　　图 9.14　支点振动的单摆

程技术中，除上述非圆截面轴的弯曲振动以外，如电动机车传动轴的扭转振动、沿椭圆轨道运行的人造卫星的姿态运动也都是参数振动。

研究参数振动的规律必须应用不同于线性振动的数学方法，如所谓弗洛凯(Floqet, G.)理论。上述实践中观察到的各种参数振动现象可从理论分析中得到解释。

9.5　飞机机翼的颤振

7.5 节讨论输电线舞动的自激振动现象时，曾提到飞机高速飞行时机翼的颤振也是类似的振动，即空气动力与机翼的弹性变形耦合产生的自激振动。将飞机的机翼简化成悬臂梁。在飞行过程中，空气动力可以对机翼同时激发起弯曲振动和扭转振动(图 9.15)。机翼的颤振就是机翼在空气动力、弯曲和扭转变形的弹性力，以及惯性力相互耦合作用下所导致的结果。因此颤振问题也称为气动弹性问题。

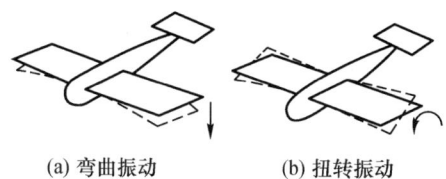

(a) 弯曲振动　　(b) 扭转振动

图 9.15　机翼的弯曲振动和扭转振动

机翼的颤振是飞机可能发生的最严重的灾难性事故之一。1916 年一架英国轰炸机因颤振事故而坠毁的事件促使科学界对颤振问题理论研究的重视。1929 年德国力学家屈斯纳(Küssner, H. G.)建立了机翼颤振理论，1935 年美国的西奥多森(Theodorsen, T.)等人提出了计算颤振的解析方法。虽然对颤振的研究已有 80 年历史，但近在 1997 年，还发生了美国的 F－117A"夜鹰"隐形战斗机因颤振造成机翼脱落的灾难性事故。因此防颤振问题仍是现代飞机设计中必须考虑的重要课题。

在图 9.16 以截面表示的机翼中，O 和 O_1 分别是机翼的重心和空气动力的合力作用点，O_1 也称为机翼的刚性中心。飞机作水平飞行时，气流相对机翼的速度 v 与倾斜的翼弦夹角 α 是气流的攻角。在

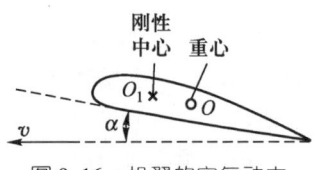

图 9.16 机翼的空气动力

小攻角条件下，空气动力沿垂直轴 y 产生的升力 F_y 与攻角 α 成正比。当机翼由于弯曲振动产生向下的垂直速度时，气流的相对速度发生偏转使攻角 α 变大，升力 F_y 随之增大。升力 F_y 的增量与机翼向下的速度方向相反，起到阻尼作用。由于截面形状不同，机翼的升力变化规律不同于 7.6 节讨论的输电线情形。输电线因空气动力的负阻尼效应导致的自激振动不可能出现于机翼的纯弯曲振动。当机翼由于扭转振动绕 O 点以角速度 ω 转动时，所引起的空气阻尼力矩总是与角速度的方向相反，因此机翼的纯扭转振动也不可能出现自激振动。

要解释机翼自激振动的原因，必须考虑弯曲振动和扭转振动的耦合效应。事实上这两种振动总是同时发生。暂不考虑气流的空气动力因素，设机翼由于弯曲振动向下以速度 v_y 沿垂直轴运动(图 9.17a)。当机翼到达最低位置时速度 v_y 减为零，同时出现向上的最大加速度 $\dot{v}_y$，产生向下的惯性力 F_i，作为弹性梁的机翼产生弹性恢复力 F_s 与惯性力平衡。但两种力作用在不同位置，

惯性力 F_i 作用于重心 O，弹性力 F_s 作用于刚性中心 O_1。于是这两种力以 O 和 O_1 的距离为力臂，构成扭矩 M 使机翼产生扭转振动。由于弯曲振动的激励频率小于扭转振动的固有频率，根据 6.2 节的分析，扭转角 θ 和扭矩 M 同相，和惯性力 F_i 或加速度 $\dot{v}_y$ 也必定同相(图 9.17b)。在此过程中，机翼的弯曲振动和扭转振动由于惯性力的联系而相互耦合。

再来考虑空气动力的作用。设机翼的水平运动速度为 v_0，由于扭转角 θ 的出现，攻角产生增量 $\Delta\alpha$，空气动力随之产生增量 ΔF_y，使机翼产生加速度增量 $\Delta\dot{v}_y$。由于 $\Delta\dot{v}_y$ 和 ΔF_y，$\Delta\alpha$，θ 等变量同相，和原加速度 $\dot{v}_y$ 也必定同相，于是弯曲振动就不断被加速，振幅急剧增大。由此可见，正是惯性力和空气动力两种因素的联系，使机翼的扭转振动和弯曲振动产生耦合。而这种耦合作用使飞机匀速前进所蕴藏的空气动力能量得以交变地向机翼输入，以维持等幅的自激振动。

7.5 节提到的塔可玛桥的坍塌事件，也是由风载引起弯曲振动和扭转振动耦合产生的自激振动。类似的现象也能在日常生活中观察到。比如细长的杨柳树叶在微风中的摇摆就是和机翼颤振类似的自激振动。

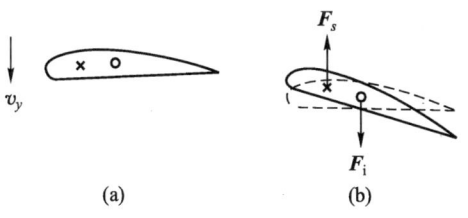

图 9.17 机翼的弯曲振动和扭转振动的耦合

9.6 杆系结构的振动

建筑物的结构往往由梁、柱、板、壳等许多构件组成。多个杆件连接构成的杆系是最基本的建筑结构。杆系可以用铰链连接，也可以是刚性连接。用铰链连接的杆系称为桁架，刚性连接的杆系称为刚架。由于铰链连接不阻碍杆件的相互转动，组成桁架的杆件振动可以独立进行。而刚架中的杆件变形通过刚性连接相互影响，它们的振动也势必相互影响。振动的模态就比单个杆件更为复杂。

以图 9.18 中由 3 个 Π 形刚架和 2 根连接杆构成的杆系为例，可能出现各种自由振动频率和模态。例如

1. 横梁做无弯曲的平动往复振动，带动两边的立柱朝相同方向弯曲，形成反对称的刚架整体振动模态（图 9.19a）。

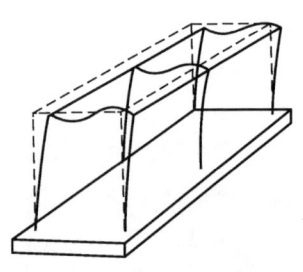

图 9.18　刚架组成的结构

2. 横梁做基频的振动，杆的两端朝相反方向转动带动两边立柱朝相反方向弯曲，形成刚架整体的对称的振动模态（图 9.19b）。

3. 横梁做二阶频率的振动，两端朝相同方向转动带动两边的立柱朝相同方向弯曲，也形成反对称的刚架整体振动模态（图 9.19c）。

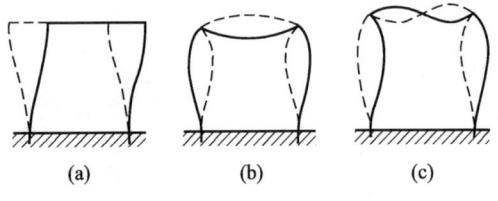

图 9.19　结构的 3 种振动模态

上述杆系结构还可能出现更高阶的频率和更复杂的模态。结构整体的固有频率不同于个别杆件的固有频率，必须借助计算机算出。对于作为安装有机器的杆系，在结构设计中就必须避免结构的固有频率与机器的振动频率接近，以防止出现共振。20 世纪初，德国力学家索莫费尔德（Sommerfeld, A）做过一次结构受迫

振动实验。他在上述结构的横梁上安装带偏心转子的电机，电机旋转产生交变的离心力激起结构的受迫振动。改变电机转速，使激励频率逐渐增大。当激励频率到达结构的基频(约310转/分钟)时，结构以图9.20(a)表示的振型产生共振，与图9.19(a)中结构自由振动的基频模态相同。频率增大到结构的第2阶固有频率(约750转/分钟)时，结构再次产生共振，振型改变为如图9.20(b)所示，与图9.19(b)中结构的第2阶自由振动模态相同。在共振状态下，输入电机的能量被传输到结构物和安装基础，使结构物的振动急剧增大。结构设计必须避免共振的可能性，以消除影响安全的隐患。

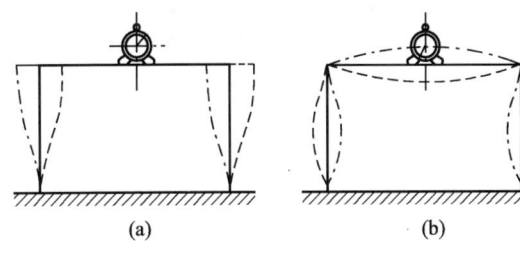

图9.20　索莫费尔德的结构振动实验

9.7　膜和板的振动

薄膜和薄板的振动常和发声装置有关。扬声器的喇叭纸盆、耳机和电话听筒内的振动片，乃至人类喉部的声带都是最常见的薄膜或薄板振动。膜和板之间的区别与弦和杆的区别有些类似。软而薄的膜仅能承受张力，可以不受阻碍地自由弯曲，而刚性较强的板具有抗弯曲的能力。以敲锣打鼓为例，击鼓是典型的膜振动，而鸣锣就是板振动了。也可以认为，薄膜和薄板分别是一维的弦和一维的杆向二维的扩展。

与一维的弦和杆不同，二维的膜或板自由振动的固有频率不仅取决于支承条件，而且和膜或板的几何形状有关。以长度为 a，宽度为 b 的四边固定矩形薄膜为例，它的固有频率为

$$f_{ij} = \frac{1}{2}\sqrt{\left(\frac{i^2}{a^2} + \frac{j^2}{b^2}\right)}\sqrt{\frac{F}{\rho h}}\,(i,j=1,2,\cdots) \tag{9.7}$$

令 $j=0$，$a=l$，根式内的厚度 h 以弦的截面积 S 代替，公式 (9.7) 就转化成弦的固有频率公式 (9.1)。与薄膜形状相同的四边简支矩形薄板的固有频率为

$$f_{ij} = \frac{\pi}{2}\left(\frac{i^2}{a^2} + \frac{j^2}{b^2}\right)\sqrt{\frac{D}{\rho h}}\,(i,j=1,2,\cdots) \tag{9.8}$$

式中的 D 为板的刚度系数，与板厚度 h 的三次方成比例

$$D = \frac{Eh^3}{12(1-\nu^2)} \tag{9.9}$$

板和膜的频率公式 (9.8) 和 (9.7) 的区别，类似于梁和弦的频率公式 (9.3) 和 (9.1) 的区别。根号内膜的张力 F 被板的刚度系数 D 代替，与序号 i，j 有关的系数换成了平方值。由于二维弹性体沿两个正交方向的变形相互有影响，刚度系数 D 不仅和材料的弹性模量 E 成比例，而且和称为泊松比 ν（Poisson, S. D.）的横向与纵向应变之比有关。

膜或板的各阶固有频率也对应于各自的模态，但二维模态的几何图形比一维模态要复杂得多。一维模态中振幅为零的节点在二维模态中连成了节线。图 9.21 表示圆膜振动的 4 种模态，m 和 n 为周向和径向的节线数目，节线的位置以虚线表示。

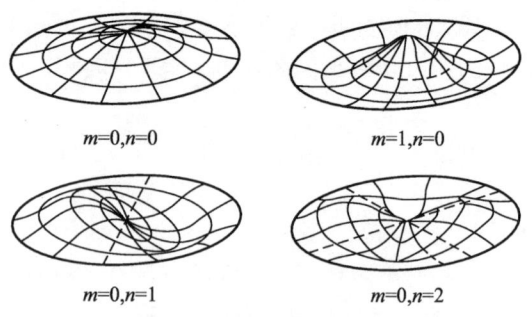

图 9.21　圆板振动的 4 种模态

第 9 章 连续体的振动

18 世纪德国的物理学家,同时也是一位音乐家的克拉尼(Chladni, E.)(图 9.22)对薄板振动模态的图形怀有特殊兴趣。他将细沙撒在薄板上,用小提琴的琴弓摩擦板的边缘,使板产生驻波形式的振动。板上的细沙在振幅最大的波腹附近,因上下跳动而不可能保持在原地逗留,只有在振幅为零的波节处才有细沙的聚集。因此细沙所形成的图案就描绘出薄板二维振动的节线,称为克拉尼图形(图 9.23)。于是原来用肉眼难以分辨的振动形态就能以克拉尼图形直观地展现出来。图 9.24 是圆板振动的各

图 9.22 克拉尼
(Ernst Chladni,1756—1827)

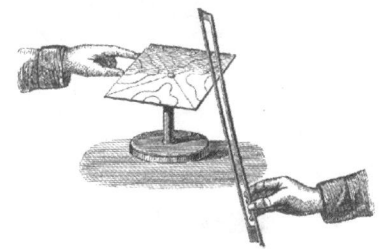

图 9.23 克拉尼图形的产生

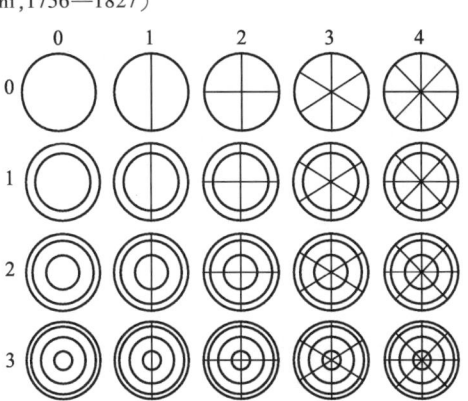

图 9.24 圆板的克拉尼图形

种克拉尼图形，左侧和上方的数字表示周向和径向的节线数目。图 9.25 是正方形板在琴弓不同的摩擦点和手指接触点的情况下产生的各种克拉尼图形。1809 年，这种图形(现仍称为克拉尼图形)在巴黎一个科学家集会上展出时强烈地吸引了观众。

图 9.25　正方形板的克拉尼图形

9.8　转经碗和半球陀螺仪

将薄板的中性面弯曲成曲面，薄板就转变成薄壳。不少打击乐器如铙钹和各种铃铛可看成是薄壳。上面提到的铜锣虽然很扁，严格说来也应该算是薄壳。所有的打击乐器都是利用敲击产生的自由振动发出声音，但也有例外。藏传佛教的转经碗发声方法就很独特。转经碗是一种铜制的碗状法器，用木棒紧贴碗边绕碗转圈就能发出悦耳的声音(图 9.26)。转经碗的敲击和摩擦的不同发声方法属于不同类型的振动。敲击发声是自由振动，而摩擦发声是自激振动。因此敲击和摩擦同一个铜碗，所产生的声音频率也会有些许差别。

1890 年英国人布瑞安(Brian, G. H.)观察到，当一个半球形玻璃酒杯受到敲击后，玻璃杯口可呈现出 4 个波腹伴随 4 个节点的拍振动，发出的声音十分悦耳。将多个酒杯盛以不等量的水，

第 9 章 连续体的振动

图 9.26 转经碗

使各个酒杯具有不同的固有频率而构成音阶,就能创造出一种独特的打击乐器。上述铜碗受敲击或受木棒摩擦激励时,碗壁也出现类似的拍振动而发出声音。

布瑞安还观察到,当酒杯绕杯柄转动时,杯壁沿径向的振动产生沿切向的科里奥利惯性力,从而影响杯口的振动模态。理论和实验研究都证明,当基座绕输入轴转动时,拍振动的节点会朝与转动相反的方向偏移,偏移的角度与转动角速度成正比。观察图 9.27 可以看出,当基座朝图示方向以角速度 ω 转动时,A 点和 A' 点两个波腹处的科里奥利惯性力 F_A 和 $F_{A'}$ 沿顺时针方向,另外两个波腹 B 点和 B' 点处的科里奥利惯性力 F_B 和 $F_{B'}$ 沿逆时针方向。设 F_A 和 F_B 的合力为 F_C,$F_{A'}$ 和 $F_{B'}$ 的合力为 $F_{C'}$,分别在节点 C 和 C' 处沿径向朝外。半球壳体在 F_C 和 $F_{C'}$ 的驱动下沿作用力方向产生附加径向振动。此附加振动与原振动叠加的结果,就出现节点与转动方向相反的偏移。

上述酒杯振动的节点偏移现象可在科学技术中找到用武之地,用于量测运动物体的转动角速度。20 世纪 80 年代诞生了一种称为半球谐振陀螺仪的新型仪器。它的主要部件是用金属或石英制成的半球形薄壁壳体(图 9.28),利用电磁激励使它产生带 4 个节点的拍振动。检测拍振动节点的偏移角度就能换算出飞机或导弹的角速度信息。

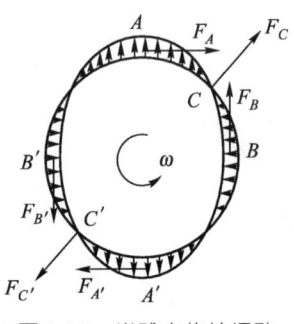
图9.27 半球壳的拍振动

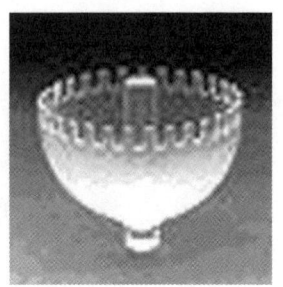
图9.28 半球谐振陀螺仪

9.9 佛钟和编钟

将碗状乐器加厚，就不能再看成是薄壳了。对这种实体的打击乐器，首先想到的就是早在三千年前青铜器时代就已出现的铜钟。钟不仅是一种乐器，更是象征地位和权力的礼器。历史悠久的钟文化已成为中华民族传统文化的组成部分。钟也是宗教文化不可缺少的元素。无论是在西方的教堂，或是在东方的佛寺，悠扬的钟声都能衬托出神圣的气氛。

"月落乌啼霜满天，江枫渔火对愁眠；
姑苏城外寒山寺，夜半钟声到客船"

（张继：《枫桥夜泊》）

钟声还起到报时和发送信息的作用。

钟有两种不同类型：佛教寺院和西方教堂里常见的圆钟，以及作为乐器演奏的编钟。佛钟受到撞击以后能发出雄浑响亮的声音，振动的衰减非常缓慢，可谓"余音绕梁，三日不绝"（图9.29）。编钟是由许多大小不同的钟编排而成的古代乐器。从演奏音乐的角度出发，编钟发出的声音不能持续太久，否则前后发出的音符混杂在一起就不成其为音乐了。公元前400年前战国时代制作的曾侯乙编钟是迄今发现的最古老也是最完整的编钟乐器，由65枚大小不同的铜钟组成。编钟的外形稍带扁平，犹如对合的两片铜瓦(图9.30)。这种独特的外形使编钟的自由振动具有与圆钟完全不同的力学性质。编钟振动的衰减很快,不会出现声音的相互干扰。根据3.1节的说明,材料的内摩擦和空气中的声波辐射是导致自由振动衰减的因素。就内摩擦而言,圆钟和编钟的区别不大。但编钟两侧的扁平曲面能带动比圆钟更多的空气振动,损耗更多的能量。因此明显缩短了振动的衰减时间。

图9.29 佛钟

图9.30 编钟

"一钟双音"是编钟的另一个独特的性质。敲击钟的扁平面的中点,或敲击钟侧面铜瓦对合处的棱边,可发出不同频率的两种声音。二者之间的音程相差三度。编钟的这种独特的一钟双音特性来自它的独特外形。圆钟的外形是标准的轴对称体,撞击钟壁的任何一点所产生自由振动的频率和模态完全相同。编钟则不同,由于外形非轴对称,在扁平面的中点敲击,或在棱边处敲击,产生的自由振动模态就完全不同,所对应的基频自然也就不同了。

附录:杆的纵向振动固有频率

设等截面直杆的杆长为 l,截面积为 S,材料的密度和杨氏模量为 ρ 和 E。假定振动过程中各横截面仍保持为平面,以杆的纵轴为 x 轴,任一截面处的纵向位移 $u(x,t)$ 是 x 和 t 的函数(图

9.31)。弹性恢复力 F 与正应变 $\varepsilon = \partial u/\partial x$ 成正比

$$F = ES\varepsilon = ES\frac{\partial u}{\partial x} \tag{9.10}$$

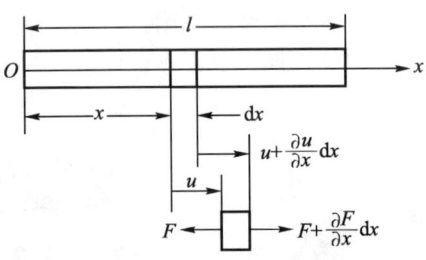

图 9.31　直杆的纵向振动

在 x 坐标处取厚度为 $\mathrm{d}x$ 的微元体，列出此微元体沿 x 方向的动力学方程

$$\rho S\mathrm{d}x\frac{\partial^2 u}{\partial t^2} = \left(F + \frac{\partial F}{\partial x}\mathrm{d}x\right) - F \tag{9.11}$$

将式(9.10)代入后导出杆纵向振动的动力学方程

$$\frac{\partial^2 u}{\partial t^2} - c^2\frac{\partial^2 u}{\partial x^2} = 0 \tag{9.12}$$

其中 c 是由杆的材料性质确定的参数

$$c = \sqrt{\frac{E}{\rho}} \tag{9.13}$$

方程(9.12)存在以下形式的解

$$u(x,t) = a\sin\mu x\sin\omega t \tag{9.14}$$

代入方程(9.12)后，导出

$$c = \frac{\omega}{\mu} \tag{9.15}$$

在第 10 章中关于波动的讨论中将要证明，参数 c 是弹性杆的纵波传播速度，ω 和 μ 分别是波动的角频率和波数。设杆的两端固定，有以下边界条件：

$$x(0) = 0,\ x(l) = 0 \tag{9.16}$$

$x=0$ 处的边界条件自动满足，$x=l$ 处的条件要求

$$\sin \mu l = 0 \quad \text{即} \quad \sin \frac{\omega l}{c} = 0 \tag{9.17}$$

从中解出杆纵向振动的固有频率

$$\omega_i = \frac{i\pi c}{l} = \frac{i\pi}{l}\sqrt{\frac{E}{\rho}} \quad (i=1,2,\cdots) \tag{9.18}$$

第10章 振动与波动

10.1 一维波动

振动在空间中传播的现象称为**波动**。机械振动的传播必须在介质中进行，只有一个传播方向的一维波动是最简单的波动。

将一串用线悬挂的钢珠沿 x 轴排成一行，相邻钢珠之间用弹簧联系，使每个钢珠的位移都能通过弹簧传递到邻近的钢珠。当最左边的第一只钢珠偏离平衡位置后即开始振动，并引起第二只钢珠的相继振动，然后是第三只、第四只、……，最终使最后一只钢珠也产生振动(图 10.1)。振动的传播过程就是波动过程。这种振动方向与传播方向一致的波动称为**纵波**。如果忽略阻尼因素，每个钢珠的振动频率和振幅完全相同。但是每次对邻近钢珠的影响需要一些时间，因此后者产生的振动会有些滞后，相邻钢珠之间的振动相位必然存在一些差异。当各个钢珠以相同的频率和振幅，但不同的相角持续振动时，在某个确定时刻，将钢珠偏离平衡位置的位移用 y 表示，就能在 (x,y) 平面上画出一条正弦曲线。曲线的最高点为波峰，最低点为波谷。随着时间的变化，这条正弦曲线不断发生变化，表现为自左至右的连续移动过程

(图 10.2)。正弦曲线的移动速度就是波的传播速度,简称**波速**。每个整波沿传播方向的长度 λ 称为**波长**。在波动过程中每个钢珠的平均位置始终保持不变,沿传播方向没有位置移动。可见任何波动只是运动状态的传播,并非物质的传播。

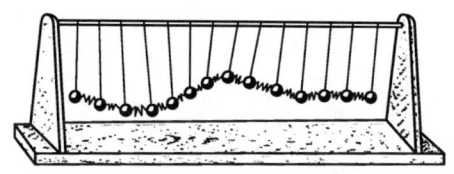

图 10.1 弹簧联系的钢珠串

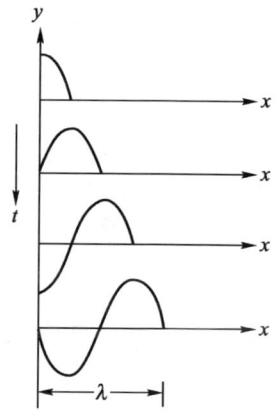

图 10.2 一维波动的传播

将一个软弹簧一端与地面固定,另一端执在手中上下抖动,就会产生与上述弹簧联系的钢珠串相同的现象。表现为弹簧的疏密程度朝地面方向的传播过程,是纵波的另一个例子(图 10.3)。如果将弹簧用一根弹性杆代替,在杆的一头用榔头敲击一下,就能产生类似的波动,杆的纵向振动会从一端传播到另一端。这种在弹性体内部传播的波动称为**弹性波**。

另一种波动称为**横波**,它的振动方向与传播方向垂直。例如将软绳的一头固定在墙上，另一头执在手中上下抖动（图 10.4）。由于绳上各点之间的弹性联系，软绳一点的变形会引起邻近点的变形，出现朝固定端方向传播的波动（图 10.3）。可以直观地看到，软绳形成自左至右连续移动的正弦曲线。在软绳横向振动的传播过程中，绳上各点仅做上下振动，沿传播方向没有任何位移。

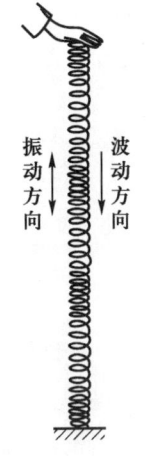

图 10.3　软弹簧的纵波　　　　图 10.4　软绳的横波

10.2　行波和驻波

上节叙述的一维波，无论是纵波或是横波，它的传播过程都可以用数学公式表示为

$$y = a\sin(\omega t + \mu x) \quad (10.1)$$

其中 x 为传播方向的坐标，y 为坐标 x 处的偏移，纵波的偏移方向和传播方向 x 一致，横波的偏移方向与传播方向 x 垂直。ω 是质点振动的角频率，μ 是与波长有关的参数，称为**波数**。ω 和 μ 都是由介质的密度、弹性等物理性质确定的物理常数。

行进中的横波或纵波都称为**行波**。对于行波的每个确定位置

第 10 章 振动与波动

x,式(10.1)表示此处质点随时间 t 的以 a 为振幅,$f=\omega/2\pi$ 为频率的简谐振动。振动的周期为 $T=1/f=2\pi/\omega$。对于每个确定的时刻 t,式(10.1)表示随坐标 x 变化的正弦曲线。当 μx 从零变为 2π 时,正弦曲线完成一个循环,x 方向的长度变化为 $\lambda = 2\pi/\mu$,即波的**波长**(图 10.2)。因此波数 μ 与波长的倒数成比例。时间每经历一个周期 T,各个质点的运动状态都恢复原状,但原来的波已被后继的波代替,整个正弦曲线沿 x 方向移动了一个波长 λ。因此波的传播速度,即波速 c 应该等于 λ 除以 T,得到

$$c = \frac{\lambda}{T} = \frac{\omega}{\mu} = f\lambda \qquad (10.2)$$

波速 c 也是介质固有的物理参数。以弹性杆为例,传播速度取决于弹性杆的弹性系数 E 和密度 ρ

$$c = \sqrt{\frac{E}{\rho}} \qquad (10.3)$$

当行进中的波遇到障碍物时,可产生反射现象。以弦的振动为例,当弦被拨动产生振动时,即产生向两端行进的行波。当行波到达弦的固定端时,即受到阻挡不能继续前进。弦段的振动通过弹性联系传递到后方的弦段,形成相反方向的行波。这种波动可视为被障碍物反射的行波,称为反射波,是行波的逆过程。反射波的数学公式与(10.1)类似,如不考虑反射过程中的能量损失,只须将括弧中的坐标 x 改成 $-x$,写作

$$y^* = a\sin(\omega t - \mu x) \qquad (10.4)$$

弦的每个质点的实际位移等于行波和反射波的叠加,可利用三角公式化成

$$y + y^* = a[\sin(\omega t + \mu x) + \sin(\omega t - \mu x)] = (2a\sin\omega t)\cos\mu x \qquad (10.5)$$

式(10.5)表示弦的波动不再向前或向后传播,而是保持以确定的余弦曲线形态在原地振动,振幅以 ω 为角频率周期性变化。振幅最大处称为波腹,振幅为零处称为节点。这种特殊的波动形式

称为**驻波**。在波动过程中，驻波的波腹和节点的位置都固定不变。在上一章的 9.1 节中，曾叙述了连续体振动的模态。驻波实际上就是振动模态的具体体现（图 10.5）。各种乐器也都是以驻波状态发出声音。

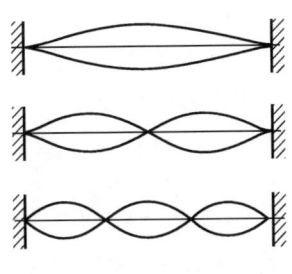

图 10.5　驻波

10.3　声波和超声波

声波和水波是生活中最常见的两种波动。声波是纵波，水波是横波。声波的介质主要是空气，水波的介质是水。本节先讨论声波。

声波的发生来自某个振动源，可称之为声源。人说话时声带的颤动，奏响的乐器，打桩时金属的撞击，飞机的轰鸣就是各式各样的声源。声源的振动引起四周空气疏密交替的变化，以纵波形式向四面八方传播。与前面讨论的一维波动不同，声波是以球面形式传播的三维波动（图 10.6）。当声波到达人的耳膜，压迫耳膜使耳膜产生受迫振动时，人的听觉器官就会对声音产生感觉。不过人耳只能对某个频率范围内的声波有感觉，具体而言，频率在 20 赫兹和 20 000 赫兹之间的声波才能被听见而称为声音。比声音频率更高或更低的声波称为超声波或次声波。

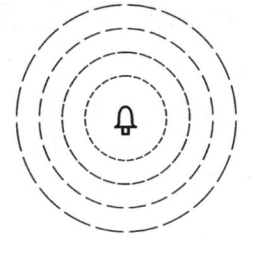

图 10.6　声波的传播

第 10 章 振动与波动

声波在空气中的传播速度由空气的压强 p 和密度 ρ 确定

$$c = \sqrt{\frac{\gamma p}{\rho}} \tag{10.6}$$

公式中的 γ 是空气的绝热指数，约等于 1.4。空气中的声速与温度有关，15°时声速为 340m/s。除空气以外，液体、金属、木材等介质也能传递声波。液体和固体的弹性远远大于空气，因此声波在液体或固体介质中的传播速度比在空气中快得多，衰减也慢得多。例如在海水中的传播速度约为 1 500 m/s，在金属中声速更高达 5 000 m/s 以上。声波在真空状态中就不能传播了。在死寂的月球上宇航员是无法用声音交谈的。

行进中的声波如遇见障碍物就会产生反射波，反射回来的声波传入人耳，就是回声。在旷野中面向群山大声呼叫，能听到从各处传来的回声。北京天坛的回音壁和三音石就是巧妙地利用回声现象造成的特殊景观(图 10.7)。在空旷的大厅中说话，如大厅的空间足够大，也能出现从四壁反射回来的回声。在空间不大的房间里一般

图 10.7　天坛回音壁

感觉不到回声，因为人耳对声音的感觉可暂留 0.1 秒左右。回声相对原声的滞后如小于 0.1 秒，人耳就无法区分也就感觉不到声的存在。声波到达障碍物时，一部分能量被障碍物吸收，反射波的强度取决于障碍物的性质。剧场和录音棚为避免出现回声，常采用消音材料装饰墙壁以吸收声波的能量。将墙壁表面做成凹凸不平，使声波向四处乱反射也能有效地消除回声。

声学设计是剧场、音乐厅和演讲厅建筑设计的重要部分。声波在墙壁之间来回反射所产生的效果称为混响。混响时间不能太长也不能太短。混响时间太长就形成明显的回声而相互干扰。混

响时间太短声音就过于干枯乏味,而且听众难以在太短的持续时间里听清楚演讲人发出的每个字。因此不同用途的厅堂有不同的最佳混响时间。一般而言,音乐厅和剧场比演讲厅要求有更长些的最佳混响时间。而且交响乐和室内乐,话剧和戏曲的最佳混响时间也各不相同。

声波也是在深海中唯一能作为远距离传输的通讯和探测手段。早在 100 年以前,就已出现利用声波的反射波侦测水下冰山以保证航行安全的技术。从第一次世界大战开始,声波技术被用来侦测潜藏在水底的潜水艇。这种利用声波传输的探测工具称为**声呐**。声呐现已成为各国海军探测和跟踪水下目标的主要技术。在民用方面,声呐也是鱼群探测、海洋石油勘探和海底地质地貌勘测的重要手段(图 10.8)。

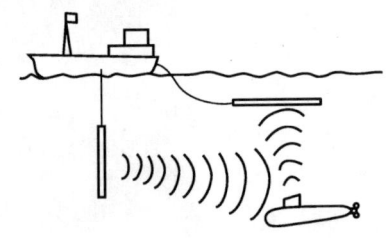

图 10.8 声呐侦测水下的潜艇

超声波作为频率高于 2 万赫兹的特殊声波,具有超出一般声波的特殊性质。由于在振幅相同的条件下,物体振动的能量与频率的平方成正比,因此与一般声波相比,超声波具有更集中的能量和更强的穿透能力。超声波的这种超常的机械效应在工程技术中的应用已非常普遍,例如超声破碎、超声乳化、超声洗涤等。在医学治疗中,超声波集中的机械能可用于粉碎体内的各种结石。利用超声波的机械能向热能的转化,超声波也是起镇痛解痉作用的理疗手段。

超声波在通过不同介质的界面时可产生折射和反射,介质的差别愈大反射波就愈强烈。利用这一特点,超声波也是探测物体内部状况的有效工具,如用于工程材料的探伤仪和用于医疗诊断的 B 型超声探测仪。各种超声探测仪都是根据反射波的幅度和滞后时间反映工程材料或人体组织中各种界面的分布情况,经过计算机的图像处理可以获得材料内部或人体脏器内部的清晰图像。

再来看频率低于 20 赫兹的次声波。次声波虽然也是听不见的声波,但在自然界常常出现,例如地震、海啸、电闪雷鸣、金属撞击和炸弹爆炸等都能产生次声波。次声波具有极强的穿透力,不仅能穿透空气、海水和土壤,而且能穿透坚固的钢筋水泥建筑物,甚至穿透坦克、军舰的厚钢板。人体内脏的固有频率为 0.01 赫兹~20 赫兹,恰好属于次声波的频率范围。因此次声波会使人体的内脏产生共振,造成脏器的损坏甚而导致死亡。认识到次声波对人体健康的危害,就必须抑制次声波的来源,更要防止将次声波作为杀人武器的罪恶企图。

10.4 水波

将一枚石子投入水中,就会在水面上激起波动,以半径不断增大的同心圆形式向四周传播(图 10.9)。在所有的波动现象中,水波是人人能看见的最直观的波动。实际上波动概念的"波"字就取自水波。从平静湖水被微风吹皱的涟漪,到大海中狂风掀起的惊涛骇浪,水波之丰富多彩在历代诗作中有着生动的描绘。如

"水光潋滟晴方好,山色空蒙雨亦奇;
欲把西湖比西子,淡妆浓抹总相宜。"

(苏轼:《饮湖上初晴后雨》)

也有描绘水波截然不同的另一种形态

"白浪茫茫与海连,平沙浩浩四无边;
暮去朝来淘不住,遂令东海变桑田。"

(白居易:《浪淘沙》)

图10.9 水波

所谓"无风不起浪",平静的水面在风的压力和摩擦力的扰动下就会产生振动。水面振动的恢复力主要是重力。重力的恢复作用可利用1.1节中的图1.2(e)作出解释。当水面质点上升或下降时,它与邻近质点之间的重力差就会将它拉回到原处。

水面的振动一旦发生,就立即沿水面向四周传播而形成水波。水波在浅水或深水中有着不同的性质。先讨论深度远小于波长的浅水波。假设水波在狭长的浅水槽中发生,就能将传播过程简化为沿水槽的一维波动。根据理论分析导出的水波传播速度 c 与水深 h 有关

$$c = \sqrt{gh} \qquad (10.7)$$

因此水波在水深的地方比在水浅的地方传播速度要快。在海边观潮,先到达岸边浅水区的海浪由于速度变慢,不得不"等待"迟到的海浪,于是浪头逐渐自动排齐形成与海岸线平行的一字潮。由于海浪愈接近海岸愈慢,后方涌来的海浪突然减速而受到拥堵,必然使波峰陡立形成浪花飞溅、汹涌向前的滔天浊浪。这正是在海宁观潮所能见到的万马奔腾,壮观无比的自然奇观(图10.10)。

水深大于波长十倍的水波称为深水波,日常见到的大部分水波都是深水波。因为水太深,表面发生的波动触不到水底,因此

第 10 章 振动与波动

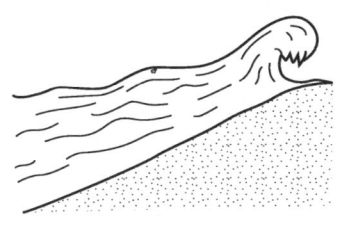

图 10.10 海浪减速引起波峰增长

深水波的传播速度与水深无关。深水的水面振动时，由于水不可压缩，波峰中增加的水必然来自附近的波谷，因此深水波各流体质点的运动既有纵向运动也有横向运动，可视为横波与纵波的综合。与浅水波的横向一维振动不同，深水波两种运动合成的结果使得所有质点在原地沿圆轨迹做二维运动。在图 10.11 中，经过顶点 P_0 的波形曲线上邻近的 P 点经过 t 时间后也到达顶点 P'。P 和 P' 点相对圆心 O' 的中心角为 ωt，圆心距离 OO' 为传播距离 ct。在介质阻力的影响下，振幅随水深按指数规律衰减。到了一定深度，来自水面波动的影响就完全消失，在海洋深处波动现象就不存在了。理论计算的深水波传播速度与波数 μ 有关

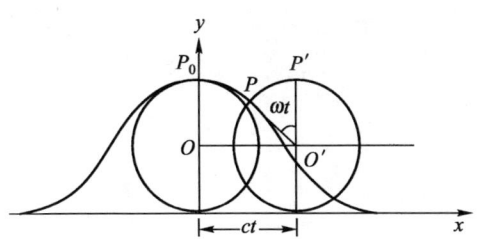

图 10.11 水面质点的圆运动和波的传播

$$c = \sqrt{\frac{g}{\mu}} \qquad (10.8)$$

由于波长 λ 与波数 μ 的倒数成正比，因此波速与波长 λ 的平方根成正比。这种波速随波长改变的现象称为**色散**(dispersion)。关

于色散现象的研究最先来自对光波的研究，深水波的色散现象与光波类似。浅水波的波速(10.7)与波长无关，就没有色散现象。

水波的波长和频率并不是单一的，可能存在各种不同波长和不同波速的水波。水波的强度取决于频率和波高，所谓波高就是波峰的幅度。以海浪为例，风平浪静时海浪的波高和波长只是毫米量级，每秒传播距离为厘米量级。而狂风暴雨激起的巨浪，尤其是海底地震或火山活动形成的海啸，波高可高达10米甚至20米，波长可长达数百公里，波速可高达1 000公里每小时(图10.12)。海啸接近海岸时由于深度变浅从深水波变为浅水波，波速随深度降低而形成滔天巨浪，能在很短的时间内摧毁沿岸城市，成为威胁沿海地区的重大自然灾害。2011年3月11日，日本东北部的宫城县东北部海域发生里氏9.0级强震引发了大规模海啸。巨浪以10米每秒以上的速度冲击海岸，甚至将大船高高卷起撞向防浪堤，席卷了汽车、房屋等陆上的一切。这次历史上罕见的海啸造成多个城镇冲毁，死亡和失踪人数超过万人的极其严重的后果(图10.13)。

图10.12　奔腾的海浪　　　图10.13　2011.3.11发生的日本海啸

除重力以外，水面的表面张力也能对水面的振动起恢复力作用。对于波长很短的水波，表面张力对波速有明显影响。在围绕地球运行的太空站里，由于重力被轨道运动的离心力抵消，水体在表面张力的单独作用下只能以球体状态存在。在球形水面上也能发生以表面张力为恢复力的水波,这种特殊水波的传播规律与重力作用下的水波就完全不同了。

10.5 波的干涉和衍射

在 10.2 节中我们曾说明,一维的行波和反射波叠加后就形成驻波。这种不同波的重叠和合成存在于所有的波动。当介质中同时有两个相同频率的波传播时,在两个波的重叠处介质的振动等于两个波的简单叠加(图 10.14)。以水波为例,设从 A,B 两点同时有相同频率 ω 的两个振动向外传播,波数为 μ,分别表示为

$$y_1 = a_1 \sin(\omega t + \mu r_1)$$
$$y_2 = a_2 \sin(\omega t + \mu r_2) \quad (10.9)$$

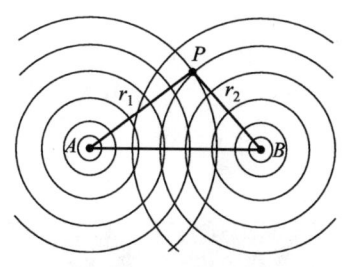

图 10.14 波的叠加

公式中的 r_1,r_2 分别表示两个波交会处的 P 点至 A,B 两点的距离(图 10.13)。为避免计算太繁,假定振幅也相同,令 $a_1 = a_2 = a$,利用三角公式将叠加后的振动化作

$$y = y_1 + y_2 = a[\sin(\omega t + \mu r_1) + \sin(\omega t + \mu r_2)] = a_* \sin(\omega t + \delta)$$
$$(10.10)$$

表明叠加后的振动是以 a_* 为振幅,δ 为初相角的简谐振动。利用 $\lambda = 2\pi/\mu$,将波数 μ 改为用波长 λ 表示,上式中的振幅 a_* 和初相角 δ 是位置 r_1,r_2 和波长 λ 的函数

$$a_* = 2a\cos\left[\frac{\pi(r_1 - r_2)}{\lambda}\right], \quad \delta = \frac{\pi(r_1 + r_2)}{\lambda} \qquad (10.11)$$

公式(10.10)和(10.11)说明，水面上的每个确定点都以确定的振幅振动，振幅取决于该点与波动源的距离之差 $r_1 - r_2$。如距离差为波长 λ 的整数倍，即半波长的偶数倍，$r_1 - r_2 = n\lambda/2$，n 为任意偶数，则波峰与波峰相遇，$|a_*| = 2a$，振幅增大一倍。如距离差为半波长的奇数倍，n 为任意奇数，则波峰与波谷相遇，$a_* = 0$，振幅为零。这就使得水面上有些点振动变强，有些点停止振动而出现两极分化现象。振动状态由各点的位置完全确定而形成稳定的图像，波的传播活动似乎已经停止，原来连续的波看起来似乎被打成了碎片。这种由于波的重叠发生的特殊波动状态称为波的**干涉**(interference)。只有频率相同的波才能产生干涉现象。10.2 节所描述的驻波也可看做是行波和反射波之间的干涉现象，波峰的振幅最大，节点的振幅为零。图 10.15 表示不同波长的两个振动源从重合的一个点逐渐分离时所产生的二维干涉图像。当微风吹过湖面形成多个波动源时，所出现的"波光粼粼"景象正是水波相互干涉的结果。

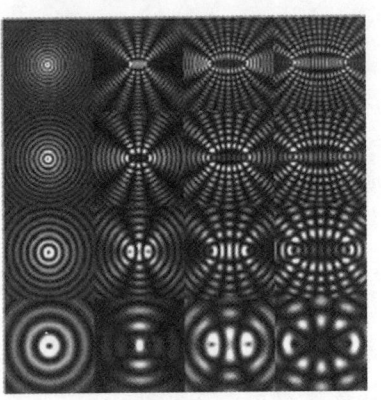

图 10.15　不同波长的干涉图像

衍射(diffraction)是与干涉有关的另一个波动现象。"衍"字是延展的意思,"衍射"就是波传播方向的延展。具体而言,波在传播过程中,能绕过障碍物或通过缝隙继续传播的现象称为波的衍射。

要解释衍射的产生原因,先要了解关于波动传播的惠更斯原理。5.5 节中已做过介绍,关于波传播的原理是荷兰物理学家惠更斯对物理科学的又一重要贡献。惠更斯认为,波在传播过程中,传播面上的每个点都可看做是波动源,每个波动源的传播面的包络形成波动的总体传播面。换句话说,介质中任一处的波动是传播面上各点的波动叠加形成的(图 10.16)。

图 10.16 惠更斯原理

以水波为例。当水波在传播过程中遇到挡板的阻碍时,未被挡住的波面上各点形成新的波动源继续向前传播,而被挡住的波面停止传播,只有在挡板的两个端点处产生的波动中有一部分波动的传播方向朝向挡板的后方。如果挡板的宽度明显大于波长,这部分向挡板后方传播的波,与被挡住的波相比只占很小的比例而逐渐衰减消失(图 10.17a)。但对于极狭窄的挡板,当宽度等于或小于波长时情况就完全不同。这时挡板后方的任一点 P 与两

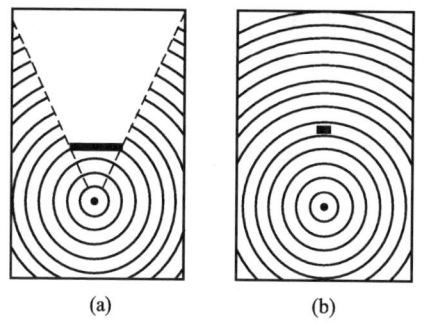

图 10.17 波动绕过障碍的衍射

个端点的距离都非常接近,从两个端点出发的波在 P 点处有几乎同时到达的波峰和波谷。这两个波叠加成振幅增大一倍的合成波向前传播,似乎障碍物完全不存在(图 10.17b)。波动能绕过障碍物向前传播的现象就是波的衍射。水塘中的水波能绕过芦苇或栅栏继续传播的现象是最常见的衍射现象。海啸能借助衍射绕过礁石和小岛到达海岸,产生巨大的破坏力。

"秋深临水月,夜半隔山钟。"(摘自皇甫冉:《秋夜宿严维宅》)诗人能听到隔山的钟声不也是声波衍射的结果吗。

波动通过缝隙的衍射现象原理也完全相同(图 10.18)。以声波为例。10.2 节中说明声波的传播速度约为 340 米每秒,利用波速与频率和波长的公式(10.2),可以算出不同频率声波的波长为 1.7 厘米 ~ 17 米。因此即使是很小的孔洞声音也能以衍射的方式通过,这正是"隔墙有耳"的科学根据。次声波拥有极强的穿透力也是由于它的波长特别长,衍射能力也特别强的原因。

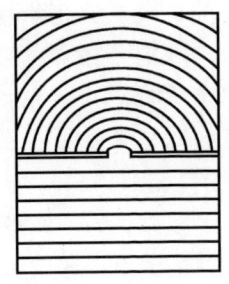

图 10.18 波动通过小孔的衍射

10.6 多普勒效应

1842 年,奥地利物理学家多普勒(Doppler,C. A.)从火车驰过身旁时汽笛声的音调变化得到启示。他发现,当声源与观察者之间有相对运动时,观测者接收到的声波频率不同于声源的频率。这种现象就称为多普勒(Doppler effect)(图 10.19)效应。

根据 10.2 节中的式(10.2),声波的频率 f 由波速 c 和波长 λ 确定。即

$$f = \frac{c}{\lambda} \qquad (10.12)$$

这个频率公式仅适合于声源和观测者都静止不动的情形。如声源

第 10 章 振动与波动

或观测者相对介质运动，其运动速度会对波速和波长产生影响，从而改变实际接收到的声波频率。

先假设声源 S 不动，观测者 A 沿声源传播方向以速度 v_A 运动，则声波相对观测者的相对传播速度变为 $c \pm v_A$。观测者与声源接近时取正号，远离时取负号。再假设观测者不动，声源沿传播方向以速度 v_S 运动，每隔一个周期声源移动 $v_S T$ 距离，使声波的波长变为 $\lambda \mp v_S T$。声源与观测者接近时取负号，远离时取正号。将 $c \pm v_A$ 和 $\lambda \mp v_S T$ 代替式（10.12）中的 c 和 λ，频率公式变为

图 10.19　多普勒（Doppler, C. A., 1803—1853）

$$f = \frac{c \pm v_A}{\lambda \mp v_S T} \quad (10.13)$$

这就证明了多普勒效应，即观测者与声源接近时频率增高，远离时频率降低。于是火车驶近时汽笛声变得尖厉，驶远时变得低沉的现象就得到解释。关于多普勒效应最早的实验是在多普勒发现后的第 3 年，在荷兰由一队小号手在行进中的敞篷火车上演奏，请有经验的音乐家在站台上鉴定音调是否发生变化。

不仅是声波，任何波动，包括电磁波在内都存在多普勒效应。1851 年法国物理学家斐索（Fizeau, A. H.）做了光波的多普勒效应实验。利用这种效应可以测量恒星相对银河系的运动趋势。远离银河系的天体发射的光线频率变低，即移向光谱的红端，称为红移。趋向银河系运动的天体发射的光线频率变高产生蓝移。20 世纪初，美国天文学家哈勃（Hubble, E.）根据星系的红移与距离变化的关系，建立了宇宙膨胀理论。

多普勒效应在医疗诊断上有重要的应用。例如彩色多普勒超声技术就是利用声源与接收体之间有相对运动时的多普勒效应，获得心脏等任何脏器内血液流动的彩色图像。多普勒测速仪也是

监测行进中的车辆速度,防止超速的重要手段。

10.7 舷波

以上关于多普勒效应的讨论,是在波动源的运动速度 v_s 不超过波动传播速度 c 的前提下进行的。当波动源的速度 v_s 超过传播速度 c 时,传播规律就完全不同。沿着波动源行进的轨迹,排列着一系列半径从小到大的球形传播面,形成圆锥形的包络面。设经过 t 时间,波动源的位置从 S' 移动到 S,从图 10.20 可看出,包络面的圆锥角 θ 满足

$$\theta = \arcsin\left(\frac{c}{v_s}\right) \qquad (10.14)$$

这个圆锥面称为马赫锥(Mach, E.),是介质受到声波扰动和未受扰动的分界面。(10.14)表示的 θ 仅在 $v_s > c$ 条件下才有解,即波动源速度超过传播速度时才有马赫锥出现。在波动过程中,介质的物理参数,如压强、密度等在圆锥面处产生突变。

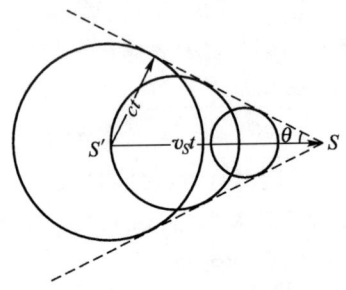

图 10.20 马赫锥的形成

这种特殊的波动称为舷波(bow wave)。命名与船舷有关是因为当快艇掠过水面时,激起以船舷为顶点的 V 形波浪尾迹,成为可直接观察到的二维化的圆锥面(图 10.21)。不过水波的传播速度比声波缓慢得多。所以在平静的湖泊里划水的鸭子也能在身后激起这种尾迹。

枪弹、炮弹和超声速飞机飞过时发出的尖厉的呼啸声、核爆

炸产生的有巨大破坏力的冲击波都是以艏波形式出现。当超声速飞机掠空而过时,由于它产生的噪声被抛在身后,所以要稍过片刻才能听到震耳的暴响。飞机在它产生的声波之前飞行,就必须冲开前方的空气。被冲击压缩的空气形成一道阻挡飞行的墙,称为"音障"。是超音速飞机发展过程中必须克服的巨大困难。

图 10.21　快艇的 V 形波浪尾迹

附录:声波在空气中的传播速度

讨论空气在单位截面积的管道内沿 x 轴的一维波动。空气的流速 v、压强 p 和密度 ρ 都是 x 和 t 的函数。在 x 坐标处取厚度为 $\mathrm{d}x$ 的微元空间,列出流体在此微元空间内的连续方程和沿 x 方向的动力学方程,

连续方程:
$$\frac{\partial \rho}{\partial t} + \rho \frac{\partial v}{\partial x} = 0 \qquad (10.15\mathrm{a})$$

动力学方程:
$$\rho \frac{\partial v}{\partial t} + \frac{\partial p}{\partial x} = 0 \qquad (10.15\mathrm{b})$$

将以上方程分别对 t 和 x 求导,消去 $\partial^2 v/\partial x \partial t$,导出动力学方程

$$\frac{\partial^2 \rho}{\partial t^2} - \frac{\partial^2 p}{\partial x^2} = 0 \qquad (10.16)$$

气体的压强 p 为密度 ρ 的函数,在绝热条件下的变化规律为

$$p = C\rho^\gamma \qquad (10.17)$$

其中 C 为常系数,γ 为绝热指数。令 p 对 ρ 求导,得到

$$\frac{\partial p}{\partial \rho} = C\gamma\rho^{\gamma-1} = \left(\frac{\gamma p}{\rho}\right)_0 \tag{10.18}$$

下标 0 表示在 x 坐标处取值。则方程(10.16)中 p 对 x 的导数可改用 ρ 对 x 的导数表示。略去下标 0，化作

$$\frac{\partial^2 \rho}{\partial t^2} - \left(\frac{\gamma p}{\rho}\right)\frac{\partial^2 \rho}{\partial x^2} = 0 \tag{10.19}$$

与第 9 章附录中弹性杆的纵向振动方程(9.12)比较，即得到声波在空气中的传播速度

$$c = \sqrt{\frac{\gamma p}{\rho}} \tag{10.20}$$

第11章 振动与音乐

11.1 交响乐中的振动

坐在音乐厅里欣赏交响乐。台上的弦乐器、木管乐器、铜管乐器、打击乐器发出不同音色的声音，交混在一起冲击着听众的耳膜，使听众感受到音乐的巨大感染力。各种乐器的声音来自不同类型的振动。在第9章和第10章中，对一些乐器的发声原理已作了初步分析。利用这些知识，可以对交响乐队的所有乐器做一下分类。

打击乐器：如定音鼓、木琴、钢片琴都是自由振动，钢琴和竖琴也是自由振动；

木管乐器：如长笛、短笛、单簧管、双簧管、大管都是自激振动；

铜管乐器：如大号、小号、圆号、长号也都是自激振动；

弦乐器：如小提琴、中提琴、大提琴、倍大提琴，拨奏时是自由振动，拉奏时是自激振动。

此外，弦乐器的腹板和音箱中的空气受弦振动激励产生的振动，以及木管和铜管乐器的空气柱受簧片或嘴唇振动激励产生的振动又都属于受迫振动。由此可见，那环绕在音乐厅里的美妙音乐其实是各种自由振动、受迫振动和自激振动的巧妙组合。

在中国的民族乐器中，鼓、磬、钟、锣、鼓等打击乐器，琴、瑟、筝、琵琶、胡琴等弦乐器，箫、笛、管、笙、唢呐等管乐器的发声也是性质相同的各种振动。

11.2 毕达哥拉斯的发现

人类对振动现象最早的科学探索就是从研究乐器发声开始的。公元前 6 世纪，古希腊的毕达哥拉斯（Pythagoras）是研究乐器发声原理的先驱（图 11.1）。据说毕达哥拉斯有一次被铁匠铺传出的和谐悦耳的敲打铁砧声吸引了注意。为了探寻优美的声音里是否蕴藏着未知的数学奥秘，他经过仔细的观察发现，原来小铁砧与大铁砧的体积之间满足 1∶2 或 2∶3 等简单的整数比。当铁砧的体积之间存在这种整数比例关系时，发出的声音就十分和谐。弦乐器和管乐器的发声也同样如此，当弦线的长度之间或管乐器的长度之间满足简单的整数比例时，便能产生出和谐的声音。

图 11.1 研究音乐的毕达哥拉斯

毕达哥拉斯又通过实验发现，弦线的振动频率与弦线的长度成反比关系。按照整数比例调整琴弦的长度，声音的频率之间也

第 11 章 振动与音乐

满足整数比例。比如将手指按在琴弦的中点使长度缩短一倍,频率就增加一倍。所发出的声音恰好是空弦的高八度音,听觉上最为和谐。小提琴演奏中的"泛音"技巧就是轻按空弦中点,以产生透明纯真的声音效果。如按在 2/3 弦长处,发出的声音就比空弦高五度。也就是小提琴相邻空弦之间的五度音程。演奏者在调音时往往根据对和弦的主观感觉来判断五度音程的准确程度。

弦线的振动也曾在 16 世纪引起伽利略的兴趣。当他在比萨大教堂里思考吊灯摆动的周期是否与摆动幅度无关的问题时,作为有经验的诗琴(一种古老的拨弦乐器)演奏者,他也注意到琴弦振动与摆的类似之处。当琴弦上发出的声音逐渐变弱,振幅减小时,它发出的音调依然不变。于是从另一个侧面验证了摆的等时性。

11.3 弦乐器的发声

作为一种古老的乐器,弦的振动可能是人类对于振动现象最早的认识和利用。《诗经》中"窈窕淑女,琴瑟友之"的诗句证实,早在三千多年以前我国就已经有了利用弦振动发音的乐器——琴和瑟(图 11.2)。孔子和历代文人对琴乐的提倡,使琴乐成为中华民族传统文化的组成部分。琴和瑟都是在木质琴身上张弦而成的弹拨乐器,但弦的数目不同。琴弦有 7 根,而瑟弦有 25 根之多。在西洋乐器中,竖琴和钢琴是最具代表性的弹奏乐器。至于中国的琵琶,西方的吉他,形形色色的民间弹拨乐器更是不计其数。

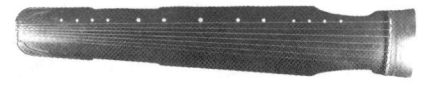

图 11.2 古琴

弦乐器的弹拨发音是典型的自由振动。根据 9.1 节中给出的弦振动频率公式(9.1),弦振动的频率和弦的粗细、长度、质量和张力等多种因素有关。弦愈细愈轻和愈短,张弦的拉力愈紧、发出声音的频率就愈高。反之,愈粗愈重、愈长和张力愈松的弦,发声的频率就愈低。当琴弦的质地和张力都确定以后,音调就随琴弦长度而改变。小提琴的4根琴弦中,E弦最细音调最高,G弦最粗音调最低。而对同一根弦,依靠弦轴的松紧可以对空弦的音调进行调整。调音结束后,演奏者利用手指在弦上的运动不断改变弦的长度,就能演奏出动听的音乐。观察竖琴和钢琴中琴弦的排列次序,也能直观地看出弦的频率与长度和粗细之间的对应关系。

弦乐器不仅能靠弹拨发音,也能用琴弓在弦上来回摩擦发音。我国最常见的拉奏弦乐器是胡琴(图11.3)。胡琴原是北方少数民族的乐器,唐代传入中原,故称为胡琴。胡琴只有两根弦,琴弓夹在两根弦中拉奏。琴弓最先用竹片,后来改用马尾。西洋乐器中的小提琴和大提琴等是和胡琴相似的弦乐器(图11.4)。提琴的4根弦分得很开,既能拉奏(arco)也能拨奏(pizzicato)。胡琴也能拨奏,不过因为两根弦过于靠近,拨奏不如提琴方便。

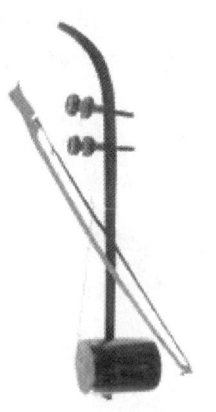

图11.3 胡琴

图11.4 小提琴

第11章 振动与音乐

既然弦乐器可以拨奏也能拉奏，于是产生一个疑问：同一根弦和同一个指位，不同演奏方法发出的声音是同一个音调吗？小提琴演奏者对此似乎并不在意。但是从力学观点分析，两种演奏方法的发音确实存在着差异。拨奏是第1章中详细讨论过的自由振动，而拉奏属于第7章中叙述的干摩擦自激振动。两种振动的性质截然不同，拨弦的频率就是固有频率，拉奏的频率与拨弦频率有些接近，但不完全相同。根据7.4节的分析，琴弦在脱离琴弓黏着的阶段，是在干摩擦力作用下相对琴弓做自由振动。利用3.4节叙述的等效黏性摩擦概念，琴弓对琴弦的干摩擦力可以用黏性摩擦近似地替代，等效黏性摩擦系数由式(3.12)给出

$$c = \frac{4\mu F_N}{\pi k a} \qquad (11.1)$$

其中 μ 是库仑摩擦因数，与弓毛和琴弦的粗糙程度有关；k 是琴弦的固有频率；F_N 和 a 分别是琴弓对琴弦的正压力和琴弦振动的幅度。可见，琴弦振动的频率不仅和松香在弓毛上的涂抹状况有关，而且和演奏者压弦的力度有关。不过，愈用力压琴弦振幅就愈大，这两个因素分别位于分子和分母而有些抵消作用。

再根据3.3节的结论，受黏性摩擦作用的弹簧振子的固有频率要小于无摩擦情形。虽然拨弦的自由振动也存在空气阻尼，但比琴弓与琴弦之间的干摩擦力要小得多。阻尼因素不同，对应的自由振动频率也就不同。此外，观察图7.8描绘的干摩擦自激振动的相轨迹可以看出，琴弦相对琴弓的滑动来不及完成一个循环就被琴弓再次抓住做匀速运动。这段捷径的出现势必改变振动的周期，因此自激振动的频率也并不等于干摩擦作用下的自由振动频率。由此可见，弦乐器的拨奏和拉奏发出声音的频率并不相同，不过差异可能不大，以至演奏者和聆听者仅凭听觉未能觉察到而已。

细弦发出的声音很微弱。要使弦乐器发出足够响亮优美的声音，单靠弦的振动是不够的。所有的弦乐器都有音箱。以小提琴

为例,弦的振动经过琴码传递到音箱的面板,又经过音柱传递到背板,使两块板都产生受迫振动,进而使音箱内的空气也一同振动。多种形式振动的综合最终才能形成美妙的乐声。在小提琴的制作工艺中,面板和背板的质量是非常关键的因素,对木材的品种、花纹和干燥程度都有严格要求。9.7 节中叙述的克拉尼图形是检验和研究乐器声学效果的有效方法,图 11.5 表示小提琴面板在激振器作用下进行克拉尼图形的实验。

图 11.5　小提琴面板的克拉尼图形

11.4　管乐器的发声

利用空气振动发音的乐器称为管乐器。人类在石器时期就会制造最原始的管乐器。如 7 000 多年前浙江河姆渡遗址曾发现多个禽骨制成的骨哨。不仅是骨哨,我国的先民还会烧制陶笛和陶埙。到夏商时期,陶埙已从单音孔发展为多音孔(图 11.6)。战国初期的曾侯乙墓出土的竹笛已有完整的七声音阶。这种发源于南方的楚笛和汉唐时期北方从西域引进的羌笛成为我国竹笛乐器的远祖。

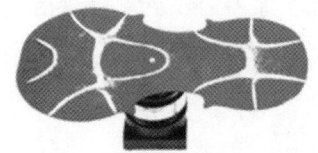

图 11.6　陶埙

交响乐队中的管乐器根据制造材料的不同,分为木管乐器和铜管乐器两大类,但发声的原理相同(图 11.7)。关于管乐器的发声原理,应提到第 6 章 6.5 节中叙述的亥姆霍兹共鸣器。共鸣器细颈内的空气柱当受到与自身固有频率相同的激励时,就产生振动发出声音。管乐器的发声就是利用管内空气柱的振动。要使空气柱的振动延续不断,就必须有持续的激励。以双簧管为例,当气流通过簧片间狭窄的间隙时,就会对簧片产生气动力使簧片运动,簧片的位移改变了间隙的宽度也改变了气动力,簧片就会在弹性力作用下恢复原位。如此周而复始,恒定的气流能源就在簧片自身运动的控制下间歇地向簧片输送,形成不衰减的自激振动。铜管乐器没有簧片,而是依靠紧贴号嘴的双唇做与簧片类似的自激振动。笛、箫、埙等乐器的自激振动来自7.5节叙述的边棱音现象,即气流遇到尖劈形物体阻挡时产生的不对称的一系列涡旋引发的振动(图7.16)。

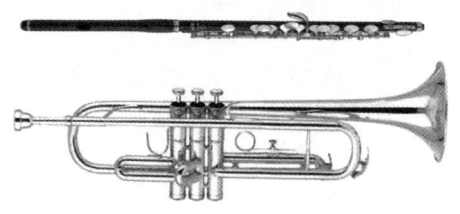

图11.7 木管和铜管乐器

上述不同形式的激励迫使空管或空腔内的气体产生受迫振动。当激励频率接近空气柱的固有频率时便产生共振,使音量变得更大,音色变得更丰富。根据开管空气柱的频率计算公式

$$f = \frac{c}{2l} \qquad (11.2)$$

即频率 f 与空气柱的长度 l 成反比,c 为声速。可见空气柱振动频率与长度的关系类似于弦振动频率与长度的关系,都可以通过改变长度来调节振动频率。

11.5 乐器的音色

不同的乐器发出的声音各有不同的特色。比如小提琴和单簧管,即使演奏同一个音也能分辨出明显的差异。原因是任何乐器发出的声音并非纯粹的简谐振动。只有作为调音标准的音叉是少

有的特例(图 11.8)。敲击一下音叉,产生的自由振动接近理想的简谐振动,即振动过程是时间的正弦或余弦函数。所发出的声音可称之为单一频率的"纯音"。但乐器的自由振动却包含了不同频率简谐振动的组合。其中,占主要成分的振动为基音,其频率可称为基频;其余简谐振动成分的频率往往是基频的整倍数,称为基音的泛音。任何乐器发出的声音都是基音和各阶泛音的组合,而不同的泛音组成便体现了各种乐器特有的音色。

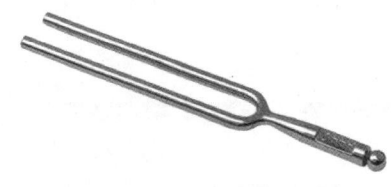

图 11.8 音叉

正是由于基音和泛音的频率之间存在毕达哥拉斯的整数比例关系,乐器才能发出基音和泛音相互和谐的优美声音。如果将不同频率的振动混合在一起,而频率之间毫无规律可言,所产生的声音就非常嘈杂刺耳而成为噪声。现代城市中的来往车辆和各种施工机械发出的噪声已成为环境污染的重要来源。

11.6 三分损益律

音律学的首要任务是建立音阶。春秋中期管仲(图 11.9)撰写的《管子·地员篇》中提出的"三分损益律",是我国也是世界上最早的音律学文献。三分损益律的原文为:

"凡将起五音,凡首,先主一而三之,四开以合九九,以是生黄钟小素之首以成宫。三分而益之以一,为百有八,为徵。不无有三分而去其乘,适足以生商。

图 11.9 管仲(725BC—645BC)

有三分而复于其所,以是生羽。有三分去其乘,适足以是成角。"

其中"宫、商、角、徵、羽"是表示中国古代五声音阶的5个音调符号。对以上文字作分句解释如下:

"先主一而三之,四开以合九九,以是生黄钟小素之首以成宫。"是指黄钟宫音的弦长为 $3^4 = 9 \times 9 = 81$。

"三分而益之以一,为百有八,为徵。"是指徵音的弦长为 $81 \times 4/3 = 108$。

"不无有三分而去其乘,适足以生商。"是指商音的弦长为 $108 \times 2/3 = 72$。

"有三分而复于其所,以是生羽。"是指羽音的弦长为 $72 \times 4/3 = 96$。

"有三分去其乘,适足以是成角。"是指角音的弦长为 $96 \times 2/3 = 64$。

这5个音在表11.1中依其弦长大小排列为徵、羽、宫、商、角,构成一个以徵音为主的五声徵调音阶。但三分损益律不能准确表示高八度的音,因为高八度音的弦长是原音弦长的一半,而三分损益律凑不出1/2分数。表11.1中括号内的英文字母是与西方音律学对等的音调符号。为便于分析,增加徵(G)音的高八度音,用徵*(G*)表示。其弦长定为原音的一半,即 $108 \times 1/2 = 54$。将相邻两个音的弦长之比表示二者的音程,依次排列在相邻二音之间

表11.1 五声音阶

音	徵(G)	羽(A)	宫(C)	商(D)	角(E)	徵*(G*)
弦长	108	96	81	72	64	54
音程		9/8	32/27	9/8	9/8	32/27

从表11.1可以看出,徵羽之间、宫商之间、商角之间的音程都是9/8,称为一个全音。而羽宫之间和角徵*之间有更大的

音程 32/27。为避免音阶中出现太大的跳跃，可在羽（A）和宫*（C*）之间插进一个 B 音，角（E）和徵（G）之间插进一个 F 音，使 A，B 之间和 F，G 之间的音程仍保持一个全音，即 9/8。而 B，C 之间和 E，F 之间的音程则要小得多，称为半音。于是五声音阶便演变成表 11.2 的七声音阶。为便于分析，表 11.2 中的宫*音即 C*音对应的弦长取作 1，其余各音的弦长均按比例作了调整。七声音阶最早记载于战国后期的《吕氏春秋》，公元前 5 世纪古希腊的菲洛劳斯（Philolaus）残卷中也有记载。七声音阶由于遵循了毕达哥拉斯简单整数比的和谐规律，也称为"毕达哥拉斯七声音阶"。

表 11.2 五声音阶演变为七声音阶

音	C	D	E	F	G	A	B	C*
弦长	2	16/9	128/81	3/2	108/81	32/27	256/243	1
音程		9/8	9/8	256/243	9/8	9/8	9/8	256/243

11.7 十二平均律

上述由五声音阶演变而来的七声音阶和目前的通用律制已十分接近。缺点是两个半音的音程 $(256/243)^2 = 1.1098$ 并不等于一个全音的音程 $9/8 = 1.125$，因此无法将半音作为基本音程单位。要建立更理想的律制，必须使各音之间的音程完全统一。在表 11.2 中，C 音的弦长是高八度音 C*音弦长的两倍。如果将 C 音至 C*音的音程按等比例关系划分为 12 个相同的半音音程，则每个音程应该等于 $\sqrt[12]{2} = 1.0595\cdots$。将 $\sqrt[12]{2}$ 作为音程的基本单位，从 C 至 C*每隔 $\sqrt[12]{2}$ 设置一个音，除原来的 7 个音 C，D，E，F，G，A，B 以外，再插进 #C，#D，#F，#G，#A，总共 12 个音形成的律制称为"十二平均律"，如表 11.3 所示。$\sqrt[12]{2}$ 是一个无理数，因此十二平均律不同于按照三分损益律演变的七声音阶，各音的弦

第 11 章 振动与音乐

长之间也不满足毕达哥拉斯的整数比例关系。但比较表 11.3 和表 11.2，$\sqrt[12]{2}=1.0595$ 与 $256/243=1.0535$ 之间，$\sqrt[6]{2}=1.1225$ 与 $9/8=1.125$ 之间虽有差别但非常接近。其相对误差小到 10^{-3} 量级，人耳已听不出二者的差别。

表 11.3 十二平均律

音	C	#C	D	#D	E	F	#F	G	#G	A	#A	B	C*
弦长	2	$(\sqrt[12]{2})^{11}$	$(\sqrt[12]{2})^{10}$	$(\sqrt[12]{2})^{9}$	$(\sqrt[12]{2})^{8}$	$(\sqrt[12]{2})^{7}$	$(\sqrt[12]{2})^{6}$	$(\sqrt[12]{2})^{5}$	$(\sqrt[12]{2})^{4}$	$(\sqrt[12]{2})^{3}$	$(\sqrt[12]{2})^{2}$	$\sqrt[12]{2}$	1
音阶	$\sqrt[12]{2}$	$\sqrt[12]{2}$	$\sqrt[12]{2}$	$\sqrt[12]{2}$	$\sqrt[12]{2}$	$\sqrt[12]{2}$	$\sqrt[12]{2}$	$\sqrt[12]{2}$	$\sqrt[12]{2}$	$\sqrt[12]{2}$	$\sqrt[12]{2}$	$\sqrt[12]{2}$	

现代钢琴的琴键严格按照十二平均律排列。表 3 中的 12 个音相当于钢琴的 12 个琴键，带升记号"#"的音为黑键，其余为白键。每两个相邻琴键之间的音程，不分白键或黑键均为半音(图 11.10)。还应指出，9.9 节中提到的曾侯乙编钟就是按十二平均律排列的最古老的乐器。编钟的"一钟双音"现象增强了发音的能力，使编钟能在 5 个半八度范围内奏出完整的 12 个半音，与现代钢琴的音域已非常接近(图 11.11)。

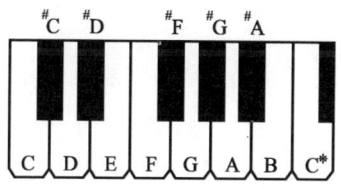

图 11.10 按十二平均律排列的钢琴琴键

1584 年，即明朝万历十二年，皇族出身的朱载堉在他撰写的《律学新说》中首先创建了十二平均律的理论，比西方的梅森发表于 1636 年的著作提前了半个世纪。朱载堉利用《周髀算经》中关于圆方图的研究，即圆周的外切正方形的边长与内接正方形的边长之比为 $\sqrt{2}$ 的结果，建立以 $\sqrt{2}$ 为公比的等比数列。如将 1 设为首项，则第 12 项为 $\sqrt{2}$ 的 12 次方。如将公比 $\sqrt{2}$ 改为 $\sqrt[12]{2}$，则第 12 项必等于 2，即等于首项弦长的两

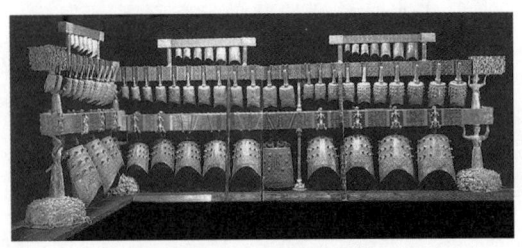

图 11.11　曾侯乙编钟

倍。因此以 $\sqrt[12]{2}$ 为基本单位确定的十二平均律如同每个台阶高度都相同的楼梯，无论从何处起步，音阶均按照统一的规律周期性重复。作曲家和演奏家才有可能随心所欲地自由变调。对此朱载堉有以下评论：

"盖十二律黄钟为始，应钟为终，终而复始，循环无端，此自然真理。"

十二平均律至今已通行了几个世纪，成为国际通用的律制。这种理想律制的创建是中国，也是人类的自然科学史和音乐史中的重要事件。

第12章 生物中的振动

12.1 心跳和呼吸

在人体的器官中,再没有比心脏的跳动和呼吸运动更重要的周期运动了。在人的一生中心跳和呼吸永不休止地进行,一旦停止,也就宣告生命的终止。心脏的跳动是依靠心肌的收缩和舒张完成的。每次收缩和舒张的完成时间就是心跳的周期,每分钟的心跳次数称为心律。正常成人安静时的心律是每分钟 70~80 次。

心脏的跳动是不能自主的运动过程,是在人体内部恒定能源的维持下实现的周期运动,因此是一种自激振动。控制心脏运动的控制器由心脏的"传导系统"执行,是由心肌中含有特殊自律细胞的传导组织起着自激振动的控制作用。如果传导系统发生故障,不能保证心脏的正常跳动,就会引起心律失常。严重的心跳过慢或停搏要依靠起搏器的周期性外部激励,于是心脏跳动的自激振动就转变成了受迫振动。

心脏的跳动驱使血液流动,同时引起动脉血管的周期性搏动,形成沿弹性管壁传播的波动就是脉搏。在一定程度上,脉搏可以反映心脏和心血管的机能。切脉更是中医诊断疾病的重要手段。中医诊断学中的所谓"脉象",是根据由切脉感知的脉搏频率、振幅和波形等信息划分出各种不同的脉象类型，以反映脏腑气血的生理和病理变化。关于脉象的系统理论是祖国医学中的宝贵财富。

当外部压力克服心脏搏动压力使血管压扁变形时，不能顺畅通过的血流冲击管壁可激发管壁的振动而发出声音。压力超过收缩压或低于舒张压时声音消失。这种现象已成为量测血压的常规手段。

呼吸是人体的又一重要的周期运动，担负着人体与外界进行气体交换的任务。呼吸的实现是依靠胸部或腹部的运动迫使肺中的气体流进或流出，应属于受迫振动。与心跳不同，呼吸在一定程度上是可以自主控制的周期运动。比如，你在水中可以屏气使呼吸暂停；你也可以在野外做深呼吸使呼吸变慢幅度变大。不过，如果因激烈运动导致气喘吁吁就无法控制了。每完成一次呼气和吸气的时间就是呼吸的周期，正常成人的呼吸频率为每分钟16~18次。呼吸与脉搏两种振动之间有着密切的联系，一般情况下，每呼吸1次，脉搏搏动4次，即呼吸与脉搏的频率之间存在大约1:4的比例关系。

12.2 肢体震颤

肢体的颤抖在医学中称为震颤，是人类外在表现最为明显的振动。最常见的震颤是因寒冷、恐惧或心情激动所引起的生理性反应。脑神经系统的病变也能导致病理性的震颤。例如帕金森病的患者双手和头部常不自主的颤抖，频率是4赫兹~5赫兹，区别于振幅更小、频率更高的生理性震颤。

正常情况下人类肢体的运动过程，先是由脑神经中枢负责运动协调功能的部分向关节处的肌肉发出控制信息，使肌肉收缩拉动与关节相邻的骨骼。在此过程中，根据视觉和触觉对运动效果的检验，随时对神经系统的信息作出反馈和修正，以实现预先设想的运动目标。当因寒冷或恐惧引起脑内激素分泌对神经系统产生影响时，或这部分神经系统的功能受到损坏时，可使肌肉内蕴藏的能量间歇地自动释放，转化为肢体的震颤。

不仅是肢体，人的眼球也会发生震颤。正常人在睡梦中眼球会不自主地快速左右转动。这种发生在睡眠过程中的所谓"快速眼动睡眠阶段",也就是睡眠中有梦境出现的阶段。病理性的眼球震颤与神经系统的疾病有关。无论肢体或眼球的震颤,周期和振幅都是确定的,与初始状态无关。因此震颤过程属于自激振动范畴,但产生自激振动的生理学机理很难用简单的机械振动作出解释。

12.3 人类的发声

人类是具有语言能力的动物,发声的机构特别复杂。发声的原动力来自肺的气流,是恒定的能源,因此所有的发声都是自激振动。空气从肺里冲出,流经气管、喉腔、口腔和鼻腔,所经过的器官都是自振系统的组成部分。其中的声带是最重要的发声器官。

声带位于喉腔的中部,是两片左右对称弹性很强的薄膜。两片声带之间形成的裂隙是气流出入的通道(图 12.1)。气流冲击声带使声带产生自激振动就发出声音。在喉部肌肉的协调作用下,声带的长短、松紧和声门裂的大小都能受到控制而产生不同的音调。声带拉紧时振动频率高,松弛时频率低。成年男子的声带长而宽,女子和儿童的声带短而窄,音调就比男子声调高。男孩等声带发育完成后音调才能变低。一般情况下,发声的频率范围是 80 赫兹～1 000 赫兹。表 12.1 给出不同人群发声的频率范围。

声带并非唯一的发声器官。有些语言的发音要靠舌尖振动(如俄语中 p 的发音),或咽喉处的小舌振动(如法语和德语中 r 的发音)。当气流通过狭窄或部分阻塞的呼吸道时,还可能引起咽部组织和软腭振动发出鼾声。声音有浊音和清音之分。因声带或其他器官的振动产生的声音称为浊音。声带等器官不振动,纯粹由气流振动发出的声音称为清音,来源于气流受阻碍产生的边棱音效应。根据气流的不同阻碍物,又可分为舌音、齿音、唇音等不同类型的清音。边棱音现象在 7.5 节中有简要的说明。

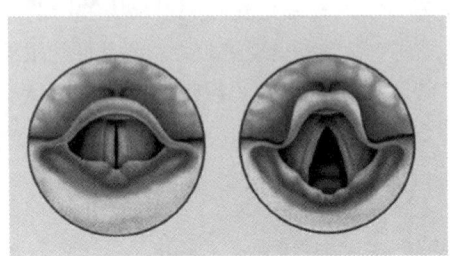

图 12.1　声带的振动

表 12.1　不同人群的发声频率

人群	频率范围/赫兹	人群	频率范围/赫兹
男低音	82～293	女低音	164～696
男中音	87～370	女中音	174～870
男高音	109～435	女高音	218～1 044

声带振动产生的声波经过咽腔、鼻腔和口腔中的共鸣作用，变得更为丰富多彩。通过调整舌位和口形可以改变共鸣器的形状和频率，影响声音的强度和音色。歌唱家的各种发声技巧形成各种不同的演唱风格和声乐流派。

12.4　人类的听声

人类的听声是一系列受迫振动形成的信息传递过程。人感知声音的器官是耳，它可分为功能不同的三个部分：外耳、中耳和内耳，分别起到集音、传音和感音作用。声音通过空气的波动经过外耳首先到达鼓膜。鼓膜是外耳和中耳之间厚度约 0.1 mm 的椭圆形弹性薄膜。鼓膜的四周边缘镶嵌在骨性鼓环上，形成一张绷紧的振动膜。鼓膜的外侧接受声波的激励产生振动。内侧与听骨链连接。听骨链是由锤骨、砧骨和镫骨 3 块听小骨组成的巧妙的杠杆系统（图 12.2）。鼓膜的振动首先带动与鼓膜中心连接的锤骨，使锤骨和砧骨绕关节转动，旋转轴位于听骨链的上方。砧骨尾部推动镫骨压迫前庭窗，将振动传达到内耳。锤骨和砧骨的尾部相对旋转轴的力臂之比约为 1.3∶1，鼓膜和前庭窗的面积之比约为 18.6∶1。于是作用在鼓膜上的声波压强经过听骨链的传递，在前庭窗上产生的压强可增强到 $1.3 \times 18.6 = 24$ 倍。声波通过前庭窗进入内耳的蜗管，激励蜗管中的淋巴液。淋巴液产生的振动再刺激蜗管内的毛细胞，转换为生物电信息，通过神经的传递进入大脑的听觉中枢，我们才能听到声音。

一般情况下，人耳能感知的最低声音频率为 16 赫兹，但仅能对 30 赫兹以上频率的声音区分出音调的高低。能感知的最高声音频率约为 14 000 赫兹，取决于不同的个体。随着年龄的增长，感知频率的上限会逐渐降低，表现为老年性耳聋现象。根据 6.3 节的分析，由于鼓膜的非线性特性，人耳能同时感知声波的倍频和组合频率声音。

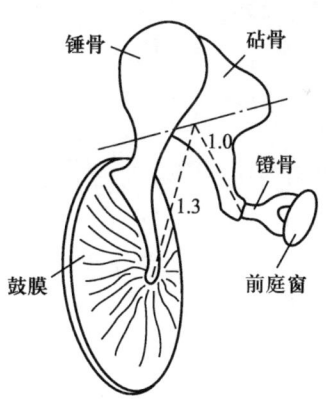

图 12.2　鼓膜、听骨链和前庭窗

12.5　动物的发声

动物的发声是多种多样的振动现象。两栖类以上的脊椎动物也有和人类相似的声带。如青蛙的声带位于喉门软骨的上方。雄蛙口角的两边有一对能鼓胀起来的声囊。声带的自激振动加上声囊内气体的受迫振动，可以产生极其洪亮的声音。不过蛙类不能控制声带，鸣声虽响亮却十分单调。雨后蛙群的大合唱虽然气势磅礴，却只能扰人入眠。

鸟类是天生的歌唱家。悦耳的鸟鸣能使人感受到自然和生命的气息。

  "春眠不觉晓，处处闻啼鸟；
  夜来风雨声，花落知多少？"

（孟浩然：《春晓》）

鸟鸣也为诗人和音乐家带来创作灵感。鸟类没有声带，而是在气管与支气管的交叉处形成一个称为鸣管的发声器。鸣管的侧壁变薄，形成两对弹性薄膜，称为鸣膜。支气管交接处还有一个突起的半月膜。鸟类呼吸时，进出气管的空气通过鸣膜之间的狭缝，都能激发起鸣膜和半月膜的自激振动而发声（图12.3）。鸣禽在气管两侧有称为鸣肌的特殊肌肉，可以随时改变鸣膜的形状和紧张程度，以控制振动频率，发出多变的节奏和婉转的鸣声。但并非所有的鸟类都有发达的鸣肌，鸭子等缺少鸣肌的鸟类不能调节频率，只能发出单调的呷呷声。上述蛙类和鸟类的发声器都是天生的管乐器。如果将蛙类的发声器比作单簧管，鸟类的鸣管就是一只天然的竹笛。

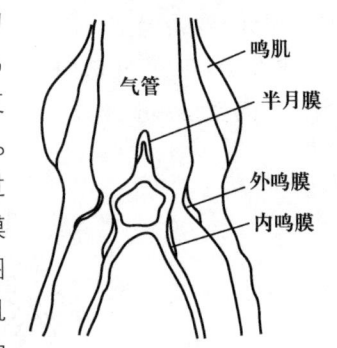

图12.3　鸟类的鸣管和鸣肌

蝈蝈、蟋蟀等昆虫的发声是属于另一种类型的自激振动，即第7章中叙述的干摩擦自振。雄性鸣虫只有膜质的后翅用于飞行，前翅是坚硬的革质，是专门用于发声的器官。前翅上凹凸不平的音锉与另一前翅上的齿状刮器来回摩擦，就能发出响亮的鸣

第 12 章 生物中的振动

声。声音的频率取决于摩擦的速度,可从 1 500 赫兹到 1 万赫兹。前翅愈发达,摩擦越强劲,声音就愈响亮(图 12.4)。

昆虫中另一著名歌手,蝉的发声则完全不同。蝉的腹部第一节的两侧,各有一层透明的瓣膜,外面覆有盖板保护。蝉能通过肌肉控制瓣膜的伸缩,使瓣膜做频率为 200 赫兹~600 赫兹的高频振动。蝉的腹腔像是蒙上一层鼓膜的大鼓,鼓膜的振动与腹腔内气体产生共鸣,并推动腹壁振动,就发出"知—了,知—了"的洪亮叫声(图 12.5)。

图 12.4 蟋蟀

图 12.5 蝉

响尾蛇以尾部能发出响声的特点命名,发声的原理也是干摩擦自振。响尾蛇的尾尖长有响器。响器是由一些角质的链状响环围成的空腔,像一串干燥的中空串珠,腔内的角质膜将空腔隔成两个环状空泡(图 12.6)。响尾蛇能以 40 赫兹~60 赫兹的频率迅速摇动尾巴,使响环互相摩擦产生振动,与空泡内的气体共鸣发

图 12.6 响尾蛇尾部的响器

出响声作为对入侵者的警告。

　　蝙蝠是靠声波探路和捕食的动物,能发出人类听不见的超声波(图12.7)。人类能感知的声音频率最高也不超过1.4万赫兹。而蝙蝠却能在喉头产生频率高达30万赫兹的振动,并依靠口鼻上方称作"鼻叶"的器官和周围的特殊皮肤皱褶作为发射器将超声波发射出去。蝙蝠还长有超大型耳朵,可以连续不断地接收回声信息。耳朵内侧凹凸不平的"旁瓣"结构使反射波产生衍射,便于使信息迅速过滤以判断猎物和障碍物的准确位置,并瞬间作出转身或俯冲的决定。蝙蝠依靠这种天赋的回声定位能力才能在狭小的空间内自由飞翔捕食。

图12.7　蝙蝠

　　海洋生物的发声方法极其多样化。甲壳类生物如蟹类和虾类常用钳和触角的撞击或摩擦发出声音。除了撞击发声是和打击乐器一样的自由振动以外,海洋生物的发声方法还是以器官的振动为主。大多数鱼类利用鱼鳔发声,当与鱼鳔相连的特殊肌肉突然收缩时便能激起鳔壁的振动,发出40赫兹~250赫兹的声音。海洋中的哺乳动物有更强的发声能力。海豚能利用声波起通讯和定位作用,利用鼻道和隆起的额头发射和接收声波,频率范围从10多赫兹的低频到20万赫兹的超声波。额头中的瓣膜和气囊系统构成天然的声呐系统,能将接收到的回声变成狭窄的声束,以判断前方物体的方位和距离(图12.8)。鲸类的多音符的低沉的吟唱能发出数十种社交信息,作为表达复杂情感的交流工具。

第 *12* 章 生物中的振动

图 12.8　用声波定位的海豚

12.6　扑翼和振翅

绝大多数的鸟类和昆虫都能飞行。鸟类和昆虫的飞行都是利用翅膀扑动产生的空气动力,但鸟类和昆虫的飞行又有很大区别。鸟类有翼展很大的翅膀和强大的臂肌,翅膀骨架上的肌肉可以控制翅膀各部分的相对运动。所以鸟类依靠扑动翅膀产生升力,一般不需要很高的频率。只有像蜂鸟那样体型极小的鸟每秒要扑翼 50～70 次。鹰、雕和信天翁等海鸟甚至不需要扑翼就能利用上升的气流在空中翱翔。

昆虫在翅胸节上也生有一对或两对翅(图 12.9)。和鸟类相比,昆虫的薄膜状的翅上没有肌肉,仅靠管状的翅脉起支撑和加固作用。昆虫对翅运动的控制只能依靠翅根部的肌肉和翅面上的作用力。昆虫的翅一般很小也不具备流线型,按照传统空气动力学计算出来的升力甚至远小于昆虫的重力。因此一般情况下,昆虫的飞行不能像鸟类那样扑翼,而是必须用翅根的肌肉驱使翅做高频的上下振动,同时绕翅根至翅尖的轴做扭转振动。两种振动的耦合使翼尖沿 8 字形轨迹做曲线运动。这种复杂的耦合振动搅动空气,利用空气的非定常流动来获得升力和推力。

各种昆虫的振翅频率相差很大。蝴蝶的 4 片翅面积特别大,身躯又娇小,只要每秒钟振翅 5～10 次就能在空中飞翔。蜻蜓也有面积很大的两对翅,每秒钟振翅 40~60 次。只有一对翅的昆虫振翅频率就要高得多。如苍蝇的振翅频率为 150 赫兹~350 赫兹,蜜蜂为 300 赫兹~400 赫兹,蚊子更高达 500 赫兹~1 000 赫兹。12.4 节中曾说明,人耳感知声音的频率范围是 16 赫兹~14 000 赫兹,因此人听不见蝴蝶振翅,却能听见苍蝇和蜜蜂的嗡嗡声。蚊子令人生厌的嗡嗡声更是扰人睡眠的干扰源。

昆虫在振翅飞行过程中,体内恒定的能源通过神经和肌肉的协同控制,使翅根处的肌肉做高频的收缩和松弛推动翅的运动,这一过程也完全符合自激振动的特征。

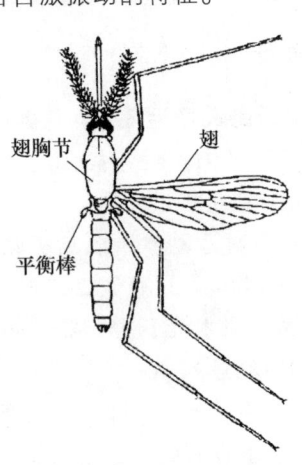

图 12.9　昆虫的翅

人类很早就有离开地面自由飞翔的梦想,首先想到的就是模仿鸟类的扑翅运动。西方的天使背上就长着一对鸟类的翅膀。传说西汉时期,曾有过用大鸟羽毛做成翅膀企图飞翔的失败经历。15 世纪,意大利文艺复兴时期的大画家达·芬奇(da Vinci,L.),也是一位天才的机械设计师,曾设计了用手臂和下肢同时操作的扑翼飞行器——(图 12.10)。扑翼机还有许多不同的设计,但都未获成功。原因是人类的臂力没有鸟类那样强大,缺少克服自身重力所需要的体力。后来飞行器的发展转向用固定翼加动力的方向而获得成功。但扑翼机的研究和制造从未停止过,只是改为对昆虫高频振翅的模仿。这种利用现代的材料和技术的小型扑翼机已经成为现实。

图 12.10　达·芬奇设计的扑翼机

12.7　苍蝇和蜻蜓

苍蝇是一种飞行能力极强的昆虫。苍蝇的飞行速度可达 20 公里每小时,而且能在飞行中急速转变方向,能随时垂直上升或下降,甚至悬在空中。这种超强的飞行技能和苍蝇自备的导航系统密切相关。苍蝇是只有一对翅的昆虫,它仅用前翅飞行,后翅已经退化成一对哑铃状小棒,称为楫翅,也就是图 12.9 中的平衡棒。在飞行过程中,楫翅以 330 次每秒的频率做对称的振动,成为苍蝇用于导航的关键元件(图 12.11)。

为说明楫翅的作用,观察一支固定在运动物体上的音叉。将两臂的质量集中为两个质点 A 和 B(图 12.12)。当载体以角速度 ω 绕音叉的对称轴转动,且音叉的两臂被激励产生对称的持续振动时,由于 A

图 12.11　苍蝇的楫翅

和 B 的相对运动方向相反，所产生的科里奥利惯性力 F_A 和 F_B 也方向相反，其幅值与载体角速度 ω 成正比。两侧的惯性力组成一个交变的力偶，作用在音叉的立柱上。立柱在交变的惯性力矩驱动下做扭转振动。扭角的幅值与科里奥利惯性力成正比，也就是与运动物体的角速度成正比。

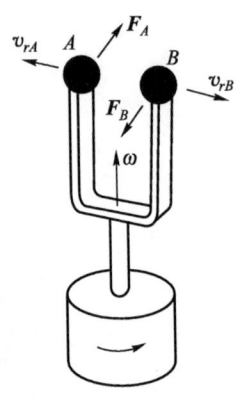

图 12.12 音叉的科里奥利惯性力

苍蝇的楫翅就是一只天生的音叉。凭借其对楫翅产生的扭转力矩的感知，苍蝇就能在飞行中判断自身的转动角速度，控制飞行的方向。模仿苍蝇楫翅的工作原理，可以制造出量测载体转动角速度的特殊仪表，称为振动陀螺或音叉陀螺。成为仿生学的一个成功范例。

蜻蜓也是昆虫世界中的飞行能手。蜻蜓长着两对透明轻柔的翅膀，很像一架微型小飞机。飞行速度为 60 公里～70 公里每小时，最长的飞行距离长达 1 000 公里。蜻蜓飞行的灵活性丝毫不亚于苍蝇，能在飞行过程中迅速变换方向和高度，倒飞、侧飞、上下直飞，甚至浮在空中不动。使人感到惊奇的是，蜻蜓的质量不到 1 克，4 片半透明的薄翅总共大约只有 5 毫克，却能在微风中保持稳定的飞行。蜻蜓在飞行过程中薄翅上下扑动，频率高达 40 赫兹～60 赫兹。空气动力与薄翅弹性变形互相耦合，可能出现如 9.5 节叙述的颤振现象。厚度极薄的翅膀强度极低，过于激烈的振动会导致翅膀的破坏。但这种灾难性结果并未出现，不能不认为是大自然的奇迹。

对蜻蜓的飞行作更细致的观察可以发现，蜻蜓之所以能有效地控制翅翼的颤振，是因为在翅翼末端的前缘有一块加厚的称为"翅痣"的斑块（图 12.13）。翅痣的质量不到翅翼总质量的十分之一，但单位面积的质量超过翅翼平均值的十倍。相当于在每片

第 *12* 章　生物中的振动

薄膜状的翅翼上各增加一个集中质量。翅痣通过因拍翅产生的惯性力必然影响翅翼的振动过程。理论研究和实验研究的结果表明，翅痣的存在可明显降低翅翼的振幅，能使出现颤振的临界速度提高 $10\% \sim 25\%$。

9.5 节中曾讨论飞机在高速飞行中可能出现的机翼颤振，这种突然发生的高频颤动是对飞行安全的严重威胁。飞机设计人员从蜻蜓翅痣的消振作用得到启发，在机翼末端的前缘上增加与翅痣类似的加厚区，就可以达到消除颤振的目的。模仿蜻蜓翅痣消除颤振，是仿生学的又一个成功范例。

图 12.13　蜻蜓的翅痣

第13章 混沌振动

13.1 混沌

中国古文献中出现的"混沌",是表述宇宙万物形成以前模糊一团的状态。例如

"夫太极之初,浑沌未分,万物纷错,与道俱隆。"《曹植·七启》
"混沌者,言万物相混成而未相离。"《佚名·易纬》

此处"浑沌"与"混沌"同义。牛津词典对混沌的英文名词"chaos"的解释是:完全的无序和混乱。综合之下,混沌似乎已成为模糊或混乱的同义语。但这种字面上的理解并不能准确地表达混沌作为一种科学概念的真实涵义。

对混沌或混沌振动的确切理解应该是:混沌振动是非线性系统特有的一种运动形式,是产生于确定性系统的敏感依赖于初始条件的非周期往复运动,类似于随机振动而具有长期不可预测性。

13.2 规则激励的无规则响应

5.3节关于受迫振动的分析表明,线性系统在周期激励下的

第 13 章 混沌振动

响应也是周期运动。但非线性系统的情况就完全不同,有时规则激励可以产生出完全没有规则的振动。

先看一个模仿体操运动员做单杠运动的小玩具人的有趣例子(图 13.1)。这个小玩具人由固定支架 B_0、摆架 B_1 和小人 B_2 组成(图 13.2),摆架 B_1 在 O 点处与支架 B_0 铰接,小人 B_2 在 O_1 处与摆架 B_1 铰接。摆架和小人相当于两个单摆,如同 8.6 节讨论过的串联双摆(图 8.21)。支架 B_0 在中点处置有电磁铁 C,电池能源供应的电流使电磁铁的磁感应强度产生周期性脉动。摆架 B_1 的下端镶有磁铁块 A,在支架 B_0 上的电磁铁 C 的简谐激励下做周期摆动。小人 B_2 的下端也镶有磁铁块 B,受摆架的磁铁块 A 的斥力的推动而绕 O_1 点摆动。电磁力的非线性规律使小人摆动的动力学方程具有非线性。可以观察到,虽然摆架 B_1 做有规则的周期摆动,通过电磁力向小人施加规则的周期激励力,但小人的动作却毫无规律可言。他时而向前时而向后,以永不重复的顺序来回摆动或翻跟斗旋转。你无法根据他的当前动作判断他下一步做什么动作。

图 13.1 混沌玩具

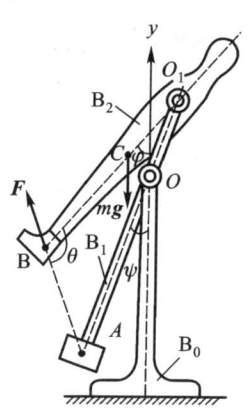

图 13.2 玩具人与摆架之间的磁耦合

这种规则激励产生无规则振动的现象实际上并不少见。再以非线性弹簧振子为例，设弹簧的恢复力 F 与变形 x 的 3 次方成正比，即 $F = Kx^3$。对振子施加简谐激励，列出受迫振动动力学方程

$$m\ddot{x} + c\dot{x} + Kx^3 = F_0 \sin \omega t \qquad (13.1)$$

由于非线性项 Kx^3 的存在，方程(13.1)不存在解析积分。只能根据参数 m, c, k, F_0 的数据和位移、速度的初始值，用电子计算机求数值解。如给定以下参数数据

$$m = 1.0, \ c = 0.05, \ K = 1.0, \ F_0 = 7.5, \ \omega = 1.0 \qquad (13.2)$$

和初始条件

$$x_1(0) = 3.0, \ \dot{x}_1(0) = 4.0 \qquad (13.3)$$

计算得到的位移 x 随时间 t 变化的规律在图 13.3 中给出。可以看出，在简谐激励的作用下，系统的响应是完全没有规则的往复运动。

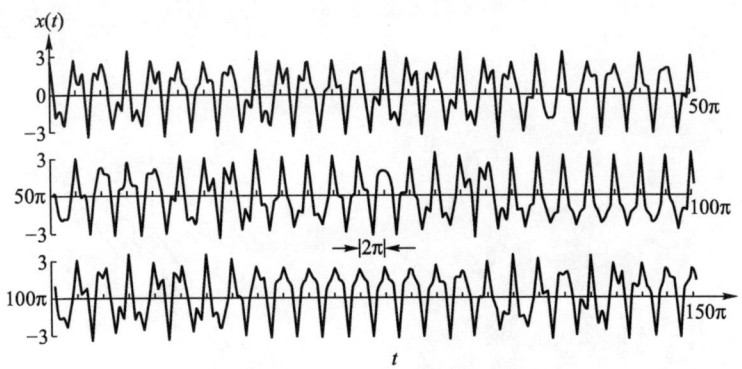

图 13.3　系统(13.1)对周期激励的响应

上述小玩具人和非线性振子的无规则往复运动，与 6.8 节叙述的随机振动在形式上非常相似，但有着本质的不同。随机振动是由随机性的激励所引起的随机性响应，而上述无规则振动是由规则的周期激励引起的随机性响应。这种确定性系统由确定性激

励引起的内在的随机现象称为内禀随机性。**混沌振动**就是由内禀随机性所导致的非周期往复运动。

13.3 对初始条件的极端敏感性

要理解什么是对初始条件的极端敏感性,不妨先看一个拉面条的有趣例子。拉面条师傅手持一大团软面,手握面团两端用力抻拉,然后两头对折再反复抻拉。如此数次,面团就变成一捧又细又长的面条(图13.4)。

设想面团里的同一位置有两个小面粉颗粒,试问经过拉面师傅反复抻拉成了细面条以后,这两个颗粒各自落在面条的什么位置呢?再试问,稍微变动一下颗粒的初始位置,即使位置的变动极其微小,它们在面条上最终位置的变动有多大呢?这问题显然难以回答,因为多次抻拉使距离的误差不断放大,以致大到无法预计的程度。这就是混沌振动的另一个特点:初始条件的微小差异可导致结果的巨大变化,也就是结果对初始条件的极端敏感性。

图 13.4　拉面条

再以上节中讨论的非线性振子(13.1)为例,另取一组与式(13.3)中的数据差别极微小的初始条件:

$$x_1(0) = 3.01, \quad \dot{x}_1(0) = 4.02 \quad (13.4)$$

计算的结果表明,虽然初始条件的差别只是 10^{-2} 量级,但经过

50 秒后就扩大为 10^0 量级的差别。在图 13.5 中，分别以 Ⅰ 和 Ⅱ 表示不同初始值的两种运动。起先两条曲线还比较接近，但经历一段时间以后就逐渐分开，最后成为走向截然不同的两条曲线。

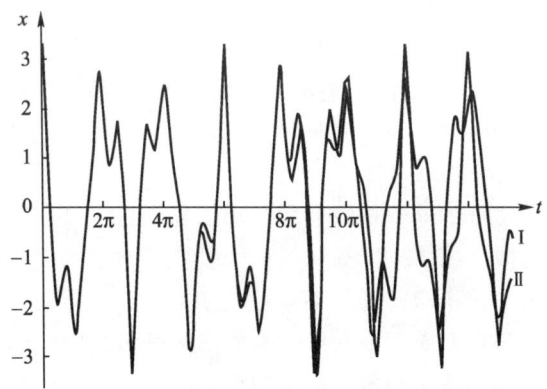

图 13.5　系统(13.1)的运动对初值的敏感依赖性

混沌问题的研究就是从计算结果对初始条件极端敏感性的现象开始的。美国气象学家和数学家洛伦兹(Lorenz, E. N.)(图 13.6)是最早的发现者。1961 年的一天，洛伦兹用他编制的程序做气象学计算。为了检验计算结果，他将上次计算的中间结果作为初值重新输入再算一次。出人意料的是，初始数据相同的两次计算结果起初还很接近，但随着计算的进行，算出的曲线逐渐偏离原来的结果而愈走愈远，乃至与原曲线毫无相同之处(图 13.7)。对这一偶然发生的

图 13.6　洛伦兹
(Lorenz, E. N., 1917—2008)

事件，洛伦兹经过思考后发现：第二次输入数据与原数据之间可能存在的极微小误差是计算结果被完全改变的根本原因。就线性

第 13 章 混沌振动

系统而言，初始数据的误差不会在计算过程中扩大。而非线性系统则不然，在反复迭代的数值计算过程中，误差可以逐渐积累而无限增大，表现出对初始条件的极端敏感性。这种现象并非偶然，而是必然的结果。

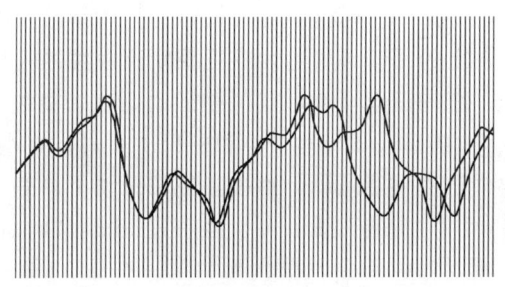

图 13.7　洛伦兹两次计算结果的比较

受这次事件的启迪，洛伦兹提出了著名的"蝴蝶效应"概念：

"亚马逊河的一只蝴蝶扇动翅膀会在得克萨斯引起龙卷风吗？"

翻开我国的历史文献，西汉《礼记》中的一句格言"失之毫厘，谬以千里"也表达了同样的意思。早在两千年前，我们的祖先就已对蝴蝶效应作出了精辟的论述。由于物理世界中不存在绝对的高精度，实际问题的初始值总不可避免地存在误差，因此只能在一定的时间范围内根据微分方程的解预测系统的运动状态。超出这一时间限度，系统便完全不可预测。可预测的时间限度取决于初值的精度。就天气预报而言，只有短期预报有意义，长期预报就不可能做到。蝴蝶效应的概念具有普遍意义，即使在日常生活里，因为很小一点失误而最终导致严重后果的事例不也举不胜举吗？

洛伦兹的发现开启了混沌研究的大门。

13.4 庞加莱映射

混沌振动的非周期往复运动的特性可以利用第2章中叙述的相轨迹曲线形象地表示出来。根据2.6节的说明，以位置 x 为横轴，速度 $y=\dot{x}$ 为纵轴建立相平面 (x,y)。力学系统状态的变化过程可由相平面上的相轨迹表达。根据相轨迹曲线的几何特征就能定性地了解系统的运动性态。就周期运动而言，每隔一个周期 T 就要重复以前的运动，即 $x(t)=x(t+T)$，$y(t)=y(t+T)$。因此周期运动的相轨迹一定是封闭曲线。混沌振动不具有周期性，它的相轨迹是永不封闭的曲线。由于运动具有往复性，相轨迹被局限在有界区域以内，不会发散到无穷远。在图13.8中画出系统(13.1)的两条相轨迹，分别对应于互相接近的两组初值(13.2)和(13.4)。系统状态对初值的敏感依赖性可从相轨迹的分离趋势直观地看出来。当相轨迹曲线不断延续也不重叠时，时间一长，在相平面内必缠绕纠结成一团而难以辨认。

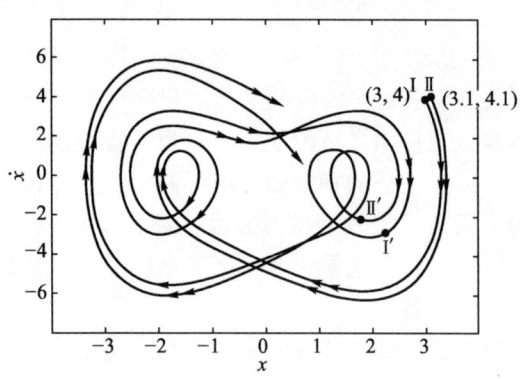

图13.8 系统(13.1)的两条相轨迹

1898年，法国数学家庞加莱(Poincaré, J. H.)(图13.9)提出对相轨迹图作些改进。就是每隔一个时间间隔 T 标出相轨迹的一个点，而将其余的相轨迹隐去。于是连续的相轨迹曲线就转变成

第 13 章 混沌振动

为不连续的点集（图 13.10）。这种方法称为**庞加莱映射**。如系统是以周期 T 做稳态周期运动，庞加莱映射就是不断重复的同一个点。如系统是以 T 的二倍周期 $2T$ 做周期运动，则庞加莱映射就是两个点。以此类推，n 倍周期运动的庞加莱映射是 n 个点。对于 8.2 节提到的准周期运动，即周期不同且不可有理通约的几个周期运动叠加后的运动，所对应的庞加莱映射就是一条封闭曲线。如截面映射既非有限点集也不是封闭曲线，所对应的运动就很可能是混沌振动。因此庞加莱映射是判断系统的运动是否具有混沌性态的直观工具。

 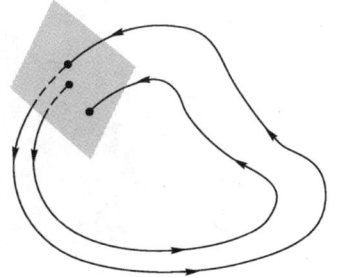

图 13.9　庞加莱　　　　　图 13.10　庞加莱映射
（Poincaré, J. H., 1854—1912）

图 13.11 是系统 (13.1) 的庞加莱图，也就是从图 13.7 中的相轨迹曲线隐去部分曲线后演变成的点集。这个点集既不是有限点又不是封闭曲线，表现出明显的混沌性态。如系统的阻尼很小或受外部噪声扰动，庞加莱映射就成为随机分布的模糊一片的点集。如上述磁耦合玩具人的摆动所对应的庞加莱映射就是这样的点集（图 13.12）。

8.6 节曾讨论过串联双摆的运动。忽略铰接点的摩擦，也不

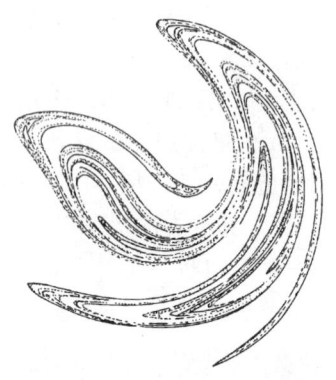

图 13.11　系统(13.1)的庞加莱图

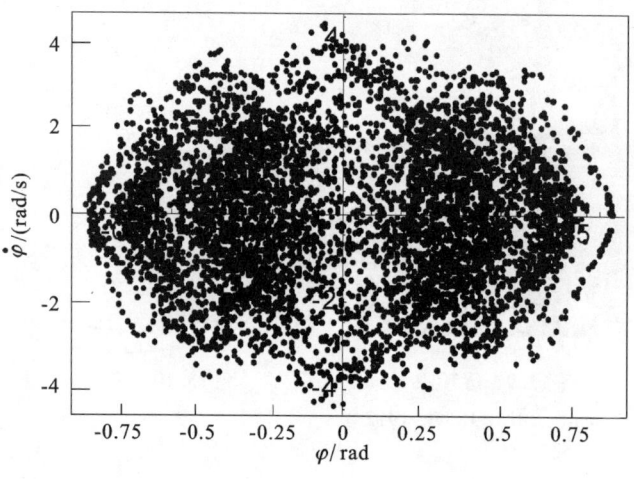

图 13.12　磁耦合玩具人的庞加莱图

存在其他耦合因素,双摆就是一个机械能守恒的保守系统(图 13.13)。双摆做自由振动时,如果两个摆的周期之间满足有理数的比例关系,则双摆的运动具有周期性。如周期之比是无理数,双摆的运动就复杂得多。当摆动的能量很小时,双摆的运动还具有准周期性,但随着摆动能量增大,摆动就变得愈来愈不规则。

第 13 章 混沌振动

利用庞加莱映射可以直观地看出从规则运动到混沌运动的演变过程(在图 13.14 中,从右上角沿顺时针方向到左上角的各个庞加莱图显示运动性态的演变过程)。在实践中,双摆作为简便易行的实验方法,常用于演示规则运动向混沌运动的转化过程。

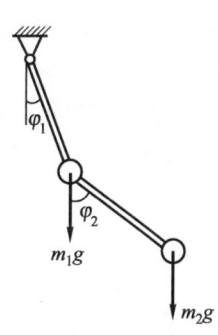

图 13.13　双摆

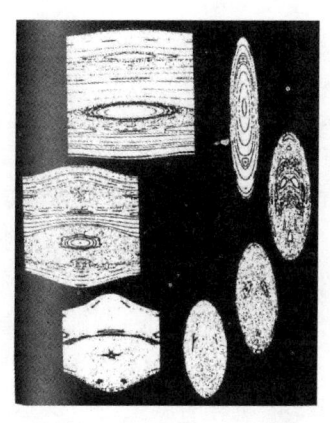

图 13.14　双摆的庞加莱图的演变

13.5　奇怪吸引子

对于线性振动系统,根据 3.3 节的分析,阻尼的存在会造成能量耗散,使系统的自由振动最终趋于静止。在相平面里表现为相轨迹向一个点趋近。再根据 6.3 节的分析,有阻尼线性系统受简谐激励的稳态响应是与激励频率相同的周期运动。在相平面里表现为相轨迹向一个椭圆曲线趋近。或者在庞加莱图里表现为点列向一个点趋近。系统的这种朝某个终极状态趋近的过程,也可以看作是相点被一个吸引子的吸引过程。阻尼自由振动的吸引子是相平面里的一个点。简谐激励的阻尼受迫振动的吸引子是庞加莱图里的一个点。如果受不同频率的多个简谐激励,吸引子就是有限个点或封闭曲线。吸引子就像是磁铁,将相点吸引到终极的稳定状态。

非线性阻尼系统也存在吸引子。例如 7.3 节叙述的极限环就是自激振动的吸引子。但非线性系统还可能存在更为复杂的吸引子。所谓埃农映射问题就是典型的例子。

埃农(Hénon M.)是一位研究恒星运动的法国天文学家。1976年他发现了一个数学现象，涉及一个简单的数学迭代问题

$$x_{n+1} = 1 + 0.3y_n - 1.4x_n^2$$
$$y_{n+1} = x_n$$
$(n = 1, 2, \cdots)$ (13.5)

运算过程很简单，只要将 x_n，y_n 值的初值代入方程组的右边，算出左边的 x_{n+1}，y_{n+1}，然后再代入右边反复进行，就能在(x, y)坐标面上画出一系列点。这个迭代的过程就是埃农映射。

现在用(x, y)坐标面上的4个特殊点 P，Q，R，S 围成一个四边形域，记作 Σ。这4个顶点的坐标分别是

$P(-1.325, 1.39)$，$Q(1.32, 0.45)$，
$R(1.25, -0.41)$，$S(-1.05, -1.56)$

将 Σ 内所有的点经过一次迭代后形成新的域 Σ'，新域的面积要比 Σ 缩小，而且折弯成∩形被包含在 Σ 内。将 Σ' 内的点再作一次迭代，形成的新域 Σ'' 被包含在 Σ' 内，而且再次被压扁拉长在 Σ' 内折弯两次。如此继续不止，每增加一次迭代都使新域被包含在旧域内部，面积更缩小形状更细长，且来回盘旋的次数增加一倍。无限次埃农映射后，形成面积无限小无限细长且从不重叠无限次迂回盘旋的域（图

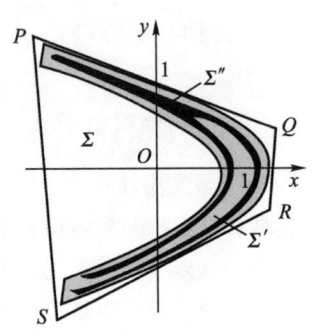

图 13.15　埃农映射

13.15）。这个几何形态极其复杂的域就是埃农映射的异乎寻常的吸引子。可称为**奇怪吸引子**。

有趣的是，这个埃农映射与前面提到的拉面条过程何其相似。美国数学家斯梅尔(Smale, S., 1930—)将这种以拉伸和马蹄形弯曲折叠为特点的变换作了拓扑学的总结，称为斯梅尔马蹄变换。

13.6 分形几何

埃农映射的吸引子具有极其复杂的几何形态。仔细观察埃农映射吸引子,可以看出,图中的点集并非完全杂乱无章,而是具有某种内在的规律性。如将点集的某个局部一次次放大,就会呈现与整体相似的几何结构。在图 13.16 中,从 a 到 d,依次将方框部分放大,放大后的局部和整体具有相似的点集分布规律。

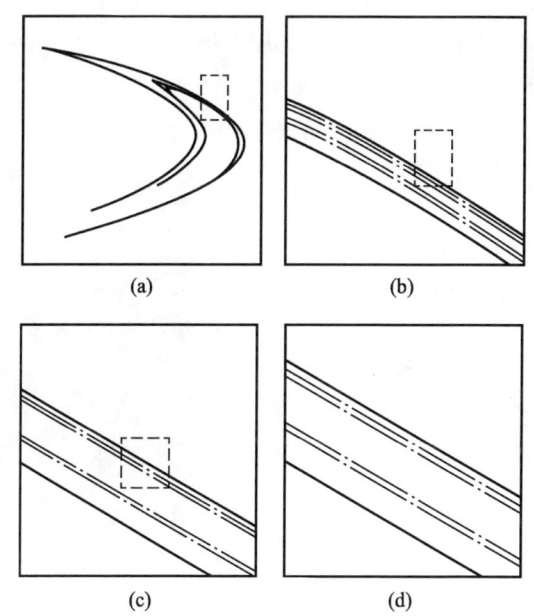

图 13.16 埃农映射的自相似性

一般情况下,有阻尼的混沌振动的庞加莱映射都具有这种自相似性。这种无穷层次的自相似的几何结构不可能用经典的几何概念来描述,因为不存在恰当的尺度能量测这种几何结构。普通几何学的研究对象一般都具有整数的维数。如零维的点、一维的线、二维的面和三维的立体。而这种无穷层次的自相似几何结构不可能归类于任何整数维数。于是产生了一种分数维数的几何学，即分形几何。**分形**(fractal)是 1975 年美国数学家芒德布罗(Mandelbrot, B. B.)(图 13.17)创造的名词，他对分形概念有一个通俗的说明：

"云彩不是球，山峦不是锥，海岸线不是圆，树皮不光滑，闪电也不沿直线展开。"

分形几何颠覆了欧几里得(Euclid)几何的传统概念，成为描述自然界一切支离破碎不规则形体的几何学。

芒德布罗于 1979 年研究过一个著名的映射

$$z_{n+1} = z_n^2 + C \tag{13.6}$$

映射中的变量 z 是复数，$z = x + iy$，C 是复常数。映射中的每个复数对应于复数平面 (x,y) 内的一个点。可以设想，那些与原点距离较远的复数经过多次迭代，复数的模可能愈变愈大趋于无界，而与原点距离较近的数多次迭代后仍可能保持有界。约定将所有经过无数次迭代仍保持有界的数组成"芒德布罗集合"，在 (x,y) 平面内的域用黑色标出。标出的这个集合最终形成一个长瘤的圆盘状，且边缘伸出许多嫩芽和卷须

图 13.17 芒德布罗(Mandelbrot, B. B., 1924—2010)

的复杂图形(图 13.18)。芒德布罗集合的不寻常之处在于不光滑边缘的分形现象。将边缘的任何一个小片段放大都会出现更精细的复杂结构，包含着与整体相似的几何特征。一次次无穷尽地局部放大，自相似的复杂图形也一次次无穷尽地出现。根据计算结果超出规定的有界范围的迭代次数，对集合外的点赋予不同颜色，便得到一幅幅色彩瑰丽的奇妙图画(图 13.19)。著名的芒德

布罗集合图形现已成为混沌科学的形象化的标志。

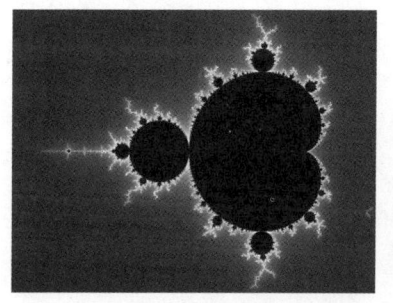

图 13.18　芒德布罗集合　　图 13.19　芒德布罗集合边缘的分形

13.7　混沌振动的实际意义

具有内禀随机性的混沌振动也是自然界中客观存在的现象。以太阳系为例，太阳系中所有的星体都在牛顿的动力学定律和万有引力定律支配下，遵循确定性的规律运动。因此在一定程度上，绝大多数行星和卫星的运动规律是可以预测的。但也有例外，例如 1848 年发现的土星的第 7 个卫星的运动。土卫七是一个长径约 286 公里的星体。和一般的天体不同，土卫七的形状高度不规则，它不是球形，而是一颗形似大土豆的海绵状星体（图 13.20）。土卫七在轨道中时而摆动时而翻滚，运动规律无法预测。但这种无法预测的不规则运动却完全遵循牛顿的动力学和万有引力规律。表现为在确定性规律支配下出现的典型的混沌运动。

图 13.20　土卫七

类似的现象也发生在人造卫星失去姿态控制的情形。失控后的卫星也会出现不规则的翻滚和摆动。在其他工程项目中，这种无规则运动也时有发生。如何对失控后进入混沌状态的对象施加控制，使混沌运动转变为预期的规则运动，即所谓"混沌控制"问题，已成为有实际意义的研究课题。有些实际情况正好相反，混沌运动反而比规则周期运动更为有利。例如在振动压实、振动钻进、振动筛选等依靠振动产生动力的工程项目中，有时混沌振动比规则振动有更高的工作效率。

　　混沌振动在生理学和医学领域内也有重要意义。如对心律不齐的心电图分析，对癫痫等疾病的脑电图分析，以及如何在混沌控制理论指导下进行治疗都有积极的启示作用。

　　与混沌现象密切相关的分形几何的产生，使人们对传统的欧氏几何无法描述的不规则几何形体有了分析手段。而这种破碎、分叉、扭曲、缠绕、纠结、斑痕等形形色色不规则几何形体在客观世界里普遍存在。

　　从哲学意义上理解，混沌现象的客观存在是对传统科学的巨大挑战。自从17世纪牛顿建立经典力学以来，人们一直认为力学系统的运动严格服从经典力学的基本规律。只要给出初始条件，随后发生的运动就是完全确定的运动。人类可以准确预测何时发生日食和月食，预测哈雷彗星何时回归，预测海王星和冥王星的客观存在。这种决定性的认识论已统治了人类思想数百年。一切不规则、非周期的运动统统归类于与确定性无关的随机性。而混沌科学的研究揭示了确定性问题中的不确定现象，即内禀随机性的客观存在，从而打破了决定论的传统观念。使人类有可能从新的视角观察自然和认识自然。因此关于混沌的研究不仅限于力学范畴，而是遍及各个科学领域，形成新的科学体系的一个组成部分。

参考文献

[1] Харкевич А А. Автоколебания. М.: Гиз. Техн. - Теор. Литературы, 1953.

[2] Вайнберг Д В, Писаренко Г С. Механические колебания и их роль в технике. М.: Физматгиз, 1958.

[3] Den Hartog J P. Mechanical vibrations. New York: McGraw-Hill Company, 1956.
(中译本:邓哈陀 J P. 机械振动学. 谈峰,译. 北京:科学出版社,1961.)

[4] 武际可. 漫话周期运动——天体的运行和乐器的发声. 力学与实践, 1994, 16(6): 72-76.

[5] 徐秉业. 身边的力学. 北京: 北京大学出版社, 1997.

[6] 王大钧, 陈健, 王慧君. 中国乐钟的双音特性. 力学与实践, 2003, 25(4): 12-16.

[7] 程贞一. 黄钟大吕: 中国古代和十六世纪声学成就. 上海: 上海科技教育出版社, 2007.

[8] 刘延柱. 曾逐东风拂舞筵——再谈自激振动. 力学与实践, 2007, 29(6): 87-88.

[9] 刘延柱. 拉面条的启示. 力学与实践, 2008, 30(2): 107-108.

[10] 武际可. 力学史杂谈. 北京: 高等教育出版社, 2009.

[11] 赵凯华, 罗蔚茵. 新概念物理教程: 力学. 2版. 北京: 高等教育出版社, 2004.

[12] 王大钧, 强明, 刘习军, 等. 转经碗与酒杯弦乐——转经碗振动机理浅析. 力学与实践, 2010, 32(6): 110-115.

[13] 刘延柱, 陈立群, 陈文良. 振动力学. 2版. 北京: 高等教育出版社, 2011.

[14] 刘延柱. 趣味刚体动力学. 北京: 高等教育出版社, 2008.

[15] http://zh.wikipedia.org/

[16] http://baike.baidu.com/

郑重声明

高等教育出版社依法对本书享有专有出版权。任何未经许可的复制、销售行为均违反《中华人民共和国著作权法》，其行为人将承担相应的民事责任和行政责任；构成犯罪的，将被依法追究刑事责任。为了维护市场秩序，保护读者的合法权益，避免读者误用盗版书造成不良后果，我社将配合行政执法部门和司法机关对违法犯罪的单位和个人进行严厉打击。社会各界人士如发现上述侵权行为，希望及时举报，本社将奖励举报有功人员。

反盗版举报电话　（010）58581897　58582371　58581879
反盗版举报传真　（010）82086060
反盗版举报邮箱　dd@hep.com.cn
通信地址　北京市西城区德外大街4号　高等教育出版社法务部
邮政编码　100120